PERSONAL
FINANCIAL
MANAGEMENT PRIMER

超实用
理财入门与技巧

王月亮——著

中国法制出版社
CHINA LEGAL PUBLISHING HOUSE

前言 *PREFACE*

我们常常说“三十而立”，可你是否想过，什么是真正的三十而立呢？

有房有车？结婚生子？升职加薪？还是创业成功，梦想实现？

也许，对于“三十而立”，每个人都有不同的看法，但不可否认的是，要实现所有这一切，我们都会不可避免地遇到一个字：“钱”！

正如那句老话说的：“有钱并非万能，但没有钱是万万不能的。”

在生活中，房子、车子需要用钱来买，谈恋爱当然也要花钱，有了孩子以后家里用钱的地方就更多了。在工作上，创业需要第一桶金；而没有稳定的物质保障来维系生活，追逐梦想便显得有些不切实际。

可见，钱财的积累对每个人来说无疑都是十分重要的。可是钱从哪里来呢？

很多人只习惯于拼命赚钱，却忘了“打江山容易，守江山难”的俗语。

许多人常常会发出这样的喟叹：每天忙死忙活赚钱，兜里还是没钱，真不知道钱去哪里了？明明收入水平差不多，为什么别人活得有滋有味，自己的生活却时常捉襟见肘？生活已经能省则省，可是仍旧无法摆脱“月光”的生活，到底是怎么回事？为什么已经很努力了，生活却还是原地踏步、毫无起色？

当人们无法积攒下财富的时候，往往会把原因归结为赚得太少，物价太高，家里人口多、花销大……殊不知，财富是挣出来的，更是理出来的。

工作收入高自然是好事，但有一个前提是要会理财。如果不懂理财，消费毫无计划和节制，心中的账本也是稀里糊涂，那么，再多的钱财也会很快被散尽。

而有些人收入虽然不高，但如果善于安排日常消费，很会省钱，还懂一些投资理财之道的话，那么就可能以自己有限的财富为杠杆，来撬动起有滋有味的幸福生活。

那么，说了那么多，究竟什么是理财呢？

理财，顾名思义，就是管理钱财的一门技术。

哦，技术？

没错。理财是一门技术。但不要因为看到“技术”两个字就感到害怕。

首先，本书绝不推销深奥难懂的经济学理论。

只要你打开本书的第一页，就不难发现，这是一本非常通俗易懂的“生活理财书”。书中的理财故事，主要围绕“我”（吴风）、Cherry、王琳、小倩和莫小白这几位主人公展开。从初入职场到生活稳定、理财有方，她们也经历了许多年轻人都会面临的挫折与烦恼，当然也有成长与收获。本书要介绍的，就是她们如何一点点从理财菜鸟变成理财达人，从而告别“缺钱”的烦恼，渐渐接近理想生活的过程。

其次，本书以“实用”为宗旨，拒绝复杂，拒绝“纸上谈兵”。

它不会像逼你编程那样让你头昏脑涨，也不会像让你建造摩天大楼那样不知该如何下手。书中的理财故事，都是极为常见的现实生活的缩影，并且在年轻人中具有广泛的代表性。

在阅读过程中，你可能会忍不住感叹：“哎呀，这个人不就是我吗？”

而通过更深入地阅读，你一定会逐渐发现：其实理财并不难。你要做的，仅仅是改掉一些不太好的习惯，改变一些不太对的金钱观念，同时培养一些能让你未来用钱时有所准备的好习惯而已。

当然，如果你愿意在阅读后，再合上书想一想，那么，相信你不难发现自己生活中存在的问题，并举一反三，总结出适合自己的理财方法——而“授人以渔”，不搞放之四海而皆准的“万能理财法”，让读者能领悟到理财的真谛，正是本书的目的所在。

最后，祝愿每一位希望告别“月光”、让自己的财富变丰盈的读者，都能在阅读本书的过程中受益，过上更加理想的生活。

目录 *CONTENTS*

第一章　理财要趁早

第二章　理财初体验

第三章　节流有道：教你告别月光族

第四章　理想丰满，现实骨感

第五章　学会理财，让自己富起来

第六章　要幸福，就要会理财

1

CHAPTER

第一章

理财要趁早

如果你现在二十几岁，已经开始规划人生的财路——那么太好了，恭喜你！你一定会为你的人生奠定一个坚实的基础，因为过来人都知道，财务自由是人生幸福的重要保证。

如果你现在三十几岁，还居无定所，并被上有老下有小的现实压得喘不过气来，但正在积极寻找解决“家庭财务问题”这个大麻烦的办法——那么也恭喜你，因为至少这个时间开始理财还不是太晚。

千万不要等到四十几岁，在承受中年危机的重重考验时还要面临糨糊般糟糕的家庭财务状况。人生有很多可能性，充满希望；但有时也很脆弱，很可能几千元钱就会成为压死骆驼的最后一根稻草。

◇ 一次聚餐暴露的财务问题 ◇

圣诞节前夜，北京，一家咖啡馆。

Cherry、小倩、王琳、我，大学时的几位死党，毕业后第一次聚会。

因为都是女人，几个好友见面闲聊，总是离不开东家长西家短的生活琐事——“你怎么样？”“新家搬到哪里去了？”“考研还是考公务员？”大学时同学们的现状如何也不可避免地八卦了一番：“她结婚了。”“他和女朋友分手了。”“听说她嫁到美国去了。”

然而，上述话题都只是预热。

随后，不约而同地，我们的谈话直奔大家都最为关心的主题——钱包。

待遇怎么样？

是否打算跳槽？

哪个品牌的包正在打折？

房租涨了多少？

五环的房价多少钱一平方米？

…………

从学校毕业三年的我们，已然完全由学生蜕变为社会人，生活需要自食其力，买房、买车、结婚这种事尽管没有迫在眉睫，但也得一件件、一桩桩考虑起来。而这一切，都事关钱包。

“每月工资才一万块，房租就花掉小一半，剩下的刨去伙食费、零花钱，根本攒不下钱！”Cherry抱怨不停。

“谁说不是呢？除了自己花，一年下来随份子、请客的钱也不少呢！这年头什么都贵，稍微像样点的饭店，随便约个朋友撮顿饭就是好几百，亲戚间有事儿随份子更是动辄上千，一个月几千块钱工资根本不够花！”小倩是北京姑娘，快人快语。

“比起我，你们两个已经很幸运了。去年我老爸非怂恿我在北京买房，当时我觉得反正是父母出首付，而且自己收入也不错，就爽快同意了。没想到当了房奴后竟过得这么辛酸！”富家女王琳居然也有自己的苦衷。

“我比你们都惨，连最起码的收入保障都没有。好的时候月入两万多块，差的时候连续几个月没有收入，这种煎熬你们是不会懂的！”我也说出了自己的无奈。

Cherry在北京一家公立中学当英语老师，由于出生在普通家庭，要想在北京买房安家，一切都得靠她自己打拼。她很勤奋，很努力，工作日辛苦上班，有时周末也要为各种比赛、公开课加班。为了增加收入，她还利用周末和寒暑假休息时间兼职做一些文字翻译的工作。

我有时周末想约Cherry出来逛街，她总是对我说：“不好意思，今天在忙。等有空了我约你。”可转眼一年过去，我也没等来这一天。

Cherry够拼了吧?

放在三、四线城市，一万左右的月收入算挺不错了，但在北京这个寸土寸金之地，一万元就很普通了。尽管Cherry省吃俭用，甚至几乎节俭到了吝啬的程度，但她的钱包并没有鼓起来。她很无奈，因为赚钱的速度永远赶不上花钱的速度，存款的增幅也永远赶不上房价。

残酷的现实，正一点点抹杀着Cherry的留京梦。

再说小倩，土生土长的北京女孩，跟我们这些“外省青年”相比，简直就是含着金汤匙出生的“皇城根人”。

小倩在一家事业单位上班，收入稳定有保障，福利待遇也很不错；早餐、晚餐都是老妈做好了，她饭来张口就行，午餐是单位的自助餐，非常丰盛；尤其让我和Cherry眼红的是，她不需要买房、租房，家离上班的地方也近，骑车20分钟就到了——还有什么比这更幸福呢?

我常常想，小倩是我们几个中活得最轻松潇洒的一个；我甚至想，她根本没有什么需要用钱的地方。哪里知道说起钱的事儿，小倩也是一副愁眉苦脸的样子。

原来，正因为家在北京，亲戚们都离得不远，小倩的生活被人情这张网牢牢罩住了：舅舅、阿姨、表哥、表姐、堂兄、堂妹、侄子、外甥……有结婚的要准备份子钱，有生孩子的要准备份子钱，长辈过寿、操办生日也要随份子，小辈过生日虽然简单点，但也要买礼物、发小红包——虽然小倩的收入还算不错，但七大姑八大姨人数太多，那点可怜的收入花着花着就没了。

那天她大喊："我要旅行！我要读研！我要买车！可是我的钱呢？"

王琳呢？

她是我们几个中的佼佼者，爸爸开着一家外贸公司，她自己从英国留学回国后供职于一家大型国有企业，月薪两万多，是我们几个中最富有的一个。

富家女，又是领着高薪的白领，按理说不会有财务上的烦恼了吧？

事实是，聚餐那天，王琳表现得比谁都忧心忡忡。因为自从买了房子和爱车，高额房贷、车贷严重挤占了她的零花钱……谁能想到，在外光鲜亮丽、跟朋友聚餐向来抢着买单、刷起信用卡来眼睛都不眨一下的她，回到家后居然在可怜兮兮地吃泡面呢。

再说我。作为以"爬格子"为生的自由创作者，赶稿时一连数月废寝忘食，累得像匹快要跑死的马，可一交稿，空虚和焦灼马上冲杀进来，占领我的身心。虽然累积下来一年收入也能养活自己，但平时花钱总是小心翼翼，总感觉生活紧紧巴巴、入不敷出，几乎每天都在翘首盼望新的稿费收入，夜夜都躺着计算这些收入够支付几个月房租、几个月生活费，买房子的计划更是想都不敢想……

那一天，我们几个好友的平安夜见面聚餐，变成了彼此大倒苦水的"比惨大会"。

毕业于名校，工作也不算差，曾经都是父母的骄傲、邻里眼中的“别人家的孩子”，也都有着自己的理想——我们本以为靠着过去的这些“辉煌”，毕业后的生活一定会像朝阳那般欣欣向荣、金光灿灿，不曾想现实生活远比我们想象得沉重，理想中那种轻松、愉快的生活并没有如期而至。

这究竟是为什么呢?

是我们不够优秀吗?我们到底要怎么做，才能摆脱这种四处被钱牵制的生活?——这是那个平安夜，我们几个好友共同的心声。

如今，时光流转，三年已在不知不觉中度过。

当年那群初出茅庐的青涩女孩，如今已一个个变了样；当我们再见面时，谈话的主题也变成了愉快的分享。对于生活的种种抱怨已经离我们远去，因为我们已经找到了属于自己的生活节奏，掌握了从容面对生活的技巧与诀窍。

是什么促成了这些改变呢?

要说功劳，不得不归于一个人——她就是莫小白。

◇ 疑惑与艳羡 ◇

那晚，也就是三年前的那个平安夜，我清晰地记得——正当我们几个为羞涩的钱包唉声叹气时，莫小白来了：下了宝马，身穿靓装，手挽LV包，款款而来。她一边朝我们挥手示意，一边说："嗨，亲爱的，火奴鲁鲁飞北京的航班晚点了，真是不好意思。"

看到这一幕，我们几个都震惊了，愣了许久才回过神来。

接下来，便是一拨接一拨连珠炮般的问题围攻：

"哦，天啊，这是我们的莫小白吗？"

"真是不敢想象，您老人家在哪儿发财了？！"

"哇！ LV啊……你这毛衣也是潮牌嘛，得好几千吧？"

"火奴鲁鲁？火奴鲁鲁在哪儿啊？"

…………

每一句话从我们口中说出都充满了疑惑和艳羡。

莫小白仿佛很享受这些，用平和又骄傲的语气说："等我喘口气、喝口水好不好。先说说你们吧，你们怎么样？"

"我们？我们哪能跟你比呀！"

我们四个异口同声地说道，也不知突然哪儿来的默契。接着，我们又七嘴八舌，依次把各自的苦水重新倒了一遍，Cherry在倾诉自己的烦恼与不顺时，还顺带说了说"孩奴"阿伦的近况。

"不会吧？怎么听起来一个个都这么惨？"莫小白不禁露出同情的眼神。

"没钱啊！穷啊！"

"本来就赚得少，物价又这么高。"

"到处都需要花钱，根本攒不下钱来做别的事儿。"

“工资永远赶不上通货膨胀。”

…………

我们四个都不约而同地将一切生活的不顺归结为缺钱：

正因为缺钱，我们过得紧紧巴巴，不敢花钱买自己喜欢的东西，而是只能买一堆自己都看不上的便宜货。

正因为缺钱，我们不得不每天疲于应对日常开支和账单，几乎无暇顾及曾经的理想。

正因为缺钱，我们忙得没日没夜，把自己熬成黄脸婆不说，身体也越来越差。

正因为缺钱，我们的生活充满了焦虑和紧张，同时也充满了失望和抱怨。

三年前的我们也像很多人一样，发出了这样的感慨：“要是我中个彩票就好了！”

我们多想一夜暴富，仿佛这样，生活的所有烦恼就会烟消云散，想象中那金光灿灿、充满阳光的日子就会马上到来。

但真的是这样吗？

每年总会有那么一些幸运儿，中了大奖后一夜暴富，但他们中的大多数，钱来得快，去得也快，没过多久就回到了从前。而反过来，那些吃香喝辣、看上去似乎从来不愁没钱花的人，也并非人人都是百万富豪，他们中有许多其实跟你我一样，只是普通的上班族。比如莫小白，就是其中一个。

莫小白并非富家女，也没撞上发财的好运，而是跟绝大多数人一样，大学毕业后老老实实地找了份稳定的工作：进入一家出版社当编辑。第一年，她的月薪也不过八九千的样子，在北京这个地方，也就是比平均工资略高了那么一点儿。可是，当我们过得紧紧巴巴、对生活充满抱怨时，她却活成了我们想都不敢想的另一番样子——出国旅行，穿戴高档，一个人住着几十平方米的房子……让我们几个百思不得其解的是，莫小白不仅过得相当滋润，居然还在两三年内攒下了一笔令我们羡慕的存款!

“她是怎么做到的?”你也许会这样问。

我们当时也很是惊诧，以至于喜欢开玩笑的Cherry竟然当着小白的面问:“小白，你不会傍了个大款吧……”

莫小白白了Cherry一眼，一脸无奈地说:“真是狗嘴里吐不出象牙!拜托，你觉得我堕落到那个程度了吗?你的收入也不低呀，又不是一个月只有两三千!你也可以出国旅行呀!你也买得起名牌啊!”

◇ 什么是理财 ◇

三年前那个平安夜，莫小白一出现就成了聚会的焦点。我们四人轮番轰炸似的“盘问”她，因为我们太想知道藏在她钱包里的秘密了。

出国旅行、吃香喝辣、穿高档名牌衣服，哪样不要花大钱？可莫小白只是一个编辑，她的钱都是从哪里来的？

是她买彩票中大奖了吗？

是她开网店发财了吗？

是她买的股票价值翻倍了吗？

看着我们充满疑惑同时又万分期待的眼神，莫小白耸耸肩，撇了一下嘴，一脸轻松地说："事情没你们想得那么复杂。也许，我只是比你们更懂得怎么理财而已。"

"理财？哦，那得先有财可理呀！我们这些穷人哪有财可理？你还是先给我们说说你是怎么赚钱的吧！"Cherry实在是太渴望像莫小白一样富足了。

谁知莫小白却说："正因为没钱，所以更应该理财呀！"

当初，包括我在内的其余四个人，都不理解莫小白这句话的意思。但今天，经过三年的实践，我非常认同莫小白当时说的话："正因为没钱，所以更应该理财呀！"

那么，究竟什么是理财呢？

简言之，理财就是正确看待钱财的智慧，及合理使用钱财的技巧。

首先，理财是所有成年人都应掌握的生活技巧。俗话说："一文钱难倒英雄汉。"没有钱，就无法享有安定的生活；生活不安定，就无法集中精力追求人生理想，幸福也就无从谈起。因此，必须了解钱财的运作模式及生活必需的理财技巧，扭转致贫思路，才能让钱包鼓起来，从而让生活富足起来。

其次，理财绝不只是人们通常所理解的省钱、攒钱、存钱，而是一门系统的生活学问，关乎人的幸福、梦想和未来。善于理财，还能帮助我们改善人际关系。总之，理财与生活息息相关、环环相扣。

最后，理财不是空谈，它需要行动；理财并不麻烦，但必须坚持。养成良好的理财习惯，可以让人受益一生。

具体来说，“理财”可理解为对钱财的“理解”“理顺”“管理”“清理”。

理解：钱财是什么？是改善生活的工具和手段，还是生活的目的？

理顺：你缺钱吗？为什么会缺钱？哪些原因导致你赚不到钱或攒不下钱？赚钱和你的理想之间是怎样的关系？赚钱的途径有哪些？花钱的先后级顺序如何？要怎么做才能让收支进入良性循环？具体有哪些措施和方法可以用来实现财务自由？

管理：明确大的人生理想及一个个短期的生活小目标，并制定可行性计划，合理安排时间、精力和钱财，来达到这些目标。

清理：找出生活中那些吞噬你钱财、耗费你精力的事物，果断将它们砍掉。

对于钱财，只有先分析它，了解它，懂它，方能驾驭它、运用它；只有理顺了钱财的收支情况，方能更好地分配它，调度它。此外，还应学会判断哪些财该理、哪些财不该理。该理之财你不理，它就不会理你，所以要善于发现生财之道；而对于不义之财，则一定要避而远之，坚决不去理它，千万不要被它表面金灿灿的光芒引向歧路。

在生活中，处处可见特别会理财的人，也有特别不会理财的人。他们的生活与人生状态截然不同。

会理财的人做钱财的主人，享受钱财带来的好处；不会理财的人做金钱的奴隶，整天受钱财牵制，为金钱所累。

会理财的人用钱财为梦想铺路，离梦想越来越近；不会理财的人以钱财为生活目的，与梦想渐行渐远。

会理财的人考虑长远，钱财无忧，一辈子生活得幸福、富足；不会理财的人只顾眼前利益，常使自己陷入财务困境……

会理财的人与不会理财的人，彼此的生活是如此不同。随着时间推移，两者间的差距还会越来越大。

你属于哪一类人呢？

◇　努力的结果是不开心？　◇

因为年轻，身体就不需要保养？保养是女人迈入中年之后的事？

因为收入不高，要攒钱买房、创业，所以就应该在一些“小事”上延迟满足感？计划已久的旅行就应该一拖再拖？喜欢的美食因为价格昂贵就要一直克制？心仪的衣服和包包如果太贵就不该买？

为了攒钱，身体有点小毛病没必要看医生？也不需要花钱体检?

因为做很多事都需要钱，所以先把理想放在一边，先一门心思赚钱?

当一个人还年轻，而且囊中羞涩、总感觉钱不够花时，很可能会跟曾经的我一样，产生上述想法。那么，这样想或说这样做到底对不对呢? 看看三年前的Cherry就知道了。

我们已经知道，Cherry是一名中学老师，工作很拼，赚钱很卖力。毕业两年多，月收入一万，虽然跟那些年薪数十万的人无法比，但也称得上很优秀了。

为了在北京买房子，除了奋力赚钱，Cherry还放弃了很多——她的理想是继续读研、读博，将来在高校当老师，但看着噌噌上涨的房价，Cherry决定把读研的理想放在一边，先努力赚钱买房，等生活安定了再去追求梦想。

除了拼命赚钱，Cherry还非常节俭，她舍不得买好吃的，总是晚上下班到超市买当天特价处理的青菜，肉和水果都很少吃；同时，她还舍不得穿好一点的衣服，经常在网上淘几十块钱的折扣促销款；为了省钱，也为了挤出更多时间来工作，她甚至减少了去外地探望男友的次数。

那么，付出这么多的Cherry究竟收获了什么呢?

当考上研究生却放弃读研机会，冒着酷暑在人头攒动的人才市场找工作、投简历时，Cherry发现自己的决策似乎失误了——因为很多高薪工作，都对学历有严格要求，而且同样一份工作，学历越高待遇也越高。由于受学历限制，Cherry并没有得到心仪的工作。不过她的运气还算好，由于她在大四时考取了教师资格证，最终被位于郊区的一家学校录取了。

Cherry喜欢当老师，也喜欢她的学生们。她教得尽心尽力，为了备好功课，她平时回到住处仍经常加班。学生们很喜欢Cherry，同事们也对她不错，可是，这些并不能换来房子。

要真正想在北京安家，Cherry知道必须有自己的房子才能住得安稳。可是，即便是非常偏远的郊区，房价也得上百万，而她一个月的收入才一万，刨除各项开支攒下来的钱更是少得可怜，想要拥有一套自己的房子，估计得等到猴年马月了。

Cherry决定行动起来，将寒暑假也用来赚钱。她的确赚得更多了，可是常年无休地拼命工作，却损坏了她的健康。她的身体越来越差，很容易感冒，而且脸色蜡黄，头发干枯，皮肤也变得很容易过敏。

最为糟糕的是，她和珉宇的感情也似乎出了问题。他们原本就是异地恋，一年中见面的次数少之又少，现在为了赚钱，Cherry给珉宇打电话少了，也没时间去看珉宇了，珉宇来北京看她，她也没时间陪他。而且，由于工作太忙，Cherry的脾气也变差了，珉宇好不容易和她视频，想在视频里看看她的笑脸，她却总是皱着眉头，抱怨这抱怨那，有时还莫名发火，将珉宇当成发泄负面情绪的垃圾桶。久而久之，作为男朋友的珉宇当然会不高兴了。

当然，不高兴的不仅是珉宇，Cherry也不高兴。她很努力赚钱，消费又很节俭，可是除了银行卡里增速极为缓慢的数字，她还得到了什么呢?

自从毕业起，她就一直跟七八个人合租在一户条件简陋的房子。因为住得差，她从不邀请朋友去她那里做客。也许你会说：“那她可以去朋友家做客呀。”

没错，当然可以。可是，每次打算出门时，Cherry就会感到比邀请朋友来参观她简陋的地下室更不知所措，因为她的衣柜里全是各色无法穿出门的廉价衣服，只有两三套上课穿的衣服还说得过去，可因为经常穿已经变得很旧，而且看上去太职业，没有一点休闲感。

尤其是到了聚会上，看到往日的老朋友个个穿得光鲜亮丽，再看看自己这一身行头，Cherry真恨不得找个地方躲起来。这些廉价服装让Cherry变得很不自信，除了和我们几个最要好的朋友在一起，参加其他聚会时，Cherry总是把自己隐藏在昏暗的角落，她不敢主动跟人交谈，别人走向她她就假装没看见故意扭过头去；就算有人主动朝她打招呼，她也变得很窘迫，然后很生硬地回应对方，希望赶紧结束对话。

Cherry常留给人不合群、拒人于千里之外、对人不友善的印象。

只有我们这些最要好的朋友知道，她不是这样的人。为此，Cherry感到非常懊恼。可身处那样的场合，着装的寒酸让她没底气、没自信，让她微微感到有些自卑，使她不由自主、本能地想要逃走、避开人们的目光——她不想这么做，却又一次次不由自主地重复着自己讨厌的事。

有过几次这样的不愉快经历后，Cherry发誓："以后再也不去参加这种活动了！"

参加工作的前三年，Cherry变得越来越宅。她尽量避免出席各种聚会活动，这使她的社交面越来越窄。她一点也不希望事情变成这样，可她却不知道如何来改变这一切。

Cherry的问题在于缺钱。

缺钱的女生往往容易犯和她一样的错误，并进入恶性循环：把钱看得过分重要，舍不得花钱；因为舍不得花钱而长期无法满足现实生活中的小心愿，因此变得不开心、不愉快；因为心情不好，所以脾气变差，变得容易急躁，同时也变得吝啬、斤斤计较、爱抱怨；因为脾气不佳，所以变得不受欢迎，同时吝啬又会导致生活圈的窄小和封闭；而这一切都会让心情变得更加糟糕，让人际关系变得紧张……

而最致命的是，缺钱还会让人变成"近视眼"，只看得见眼前的得失和生活，却看不见未来。

我见过这样一些女人，她们会为节省5毛钱与做小本生意的商家讨价还价半天，会算计给父母的零花钱如何压缩再压缩，会计较老公给公婆的零花钱超出了他们实际需要的数额，会抱怨朋友欠自己的50块钱没有归还，会舍不得买一件像样的礼物送给最好的朋友，在社交上需要花钱的地方也是能省则省、能逃就逃，却还要找一些冠冕堂皇的理由为自己开脱……

我理解她们，更同情她们。

理解她们，是因为她们的确不宽裕，生活压力不小，赚钱却不多；同情她们，是因为一个女人明明应该让自己活成女王的样子，却活生生被金钱逼成了可怜的人！

然而，让一个女人失去自信、变得小气、不受人欢迎的罪魁祸首，真的是缺钱吗？

不。

从Cherry的变化，我看到了那个当年让她陷入生活困境的“恶魔”——不懂理财。她不是赚得太少；她其实赚得不少，她的生活之所以会变得一团糟，完全是因为她不懂理财。

不懂理财的她，在追求财富的过程中渐渐忘记了生活最本质的目的。钱从手段变成了目的，在这个错误理念的引导下，她一错再错，失去了健康、美丽，也丢掉了快乐和梦想。

她过得小心翼翼、精打细算，到头来钱没攒下多少，却给人留下了“吝啬”“小气”“自私”“不友善”“斤斤计较”等坏印象。

她的世界越来越小，生活质量越来越差，她和同事们的关系变得疏离，跟恋人的关系也变得非常紧张。家人因为她的吝啬举动感到不舒服，她自己也难受，辛劳付出却无所得，每天生活在算计和压力中，生活了无趣味。

没人愿意这样生活！

谁都渴望幸福，渴望自己容光焕发，变得美丽、自信、受人欢迎。

可是，究竟要怎样才能得到这一切？

◇ 掌握这项技能很重要 ◇

一辈子，说不长也长。二十几岁、三十几岁，不过是人生的起步阶段，未来还有长达几十年的时间需要度过。这几十年，也许顺顺当当，也许充满坎坷，其间，我们有大量需要花钱的事情：成家，开拓事业，抚育子女，赡养老人……

年轻力壮时，我们天不怕地不怕。留得青山在，不愁没柴烧。可是，意外、疾病和年老，却也是我们不得不面对的最真实的生活。当意外突然降临，当我们的身体开始走下坡路，创造力、体能等各方面能力开始衰退，甚至有一天失去了劳动能力，可生命还在延续——你是否想过，这时要如何来应对？

我认识一个小镇女孩，来到T城打工，在一家化工厂当职工。她很勤奋，也很节俭，每年辛苦攒下的钱都会按时寄给父母，让父母帮她存起来。她的理想是在镇上买一间门面房，等攒够了钱就回到镇上生活，做点小生意。她想，老家开销不大，两三万就够花上一整年，她在外打工好好攒几年钱，哪怕小生意赚得不多，她也不会愁钱花。

这个女孩的打算，其实也是很多跟她一样来大城市打拼的年轻人的打算。不幸的是，房子还没买，生意还没来得及张罗，因为操作不当导致的一次意外事故，让她失去了双腿。她没有为自己买保险，化工厂又以操作不当为由拒绝赔偿。女孩多年攒下的钱全进了医院。

她活了下来，却每天坐在轮椅上欲哭无泪，内心充满了绝望。

事发之后，女孩很懊悔没有为自己买一份保险。买一份人身意外险一年才百来块钱，却可以获赔数十万元，有了这笔钱，至少医药费有了，即便丧失了劳动能力，她也依然可以靠着前些年积攒的钱勤俭度日。可事发之前，她却不是这么想的。她觉得没必要花这个钱，总觉得意外离自己很遥远，甚至是不会发生在自己身上的。

正确评估自己的职业风险，从所赚取的钱财中抽取出一部分来购买必要的保险，其实就是一种理财。

一个善于理财的女人，她会给自己的生活织起一张巨大而可靠的保障网，还会像一个魔术师，能通过一些看似平常的办法使1块钱变成10块，然后变成100块、1000块。她不怕贫穷，因为她有的是来钱的办法、让小钱变成大钱的办法；即便有时候进账不多，她也有能力过得优雅、从容；她也不怕意外发生，因为一切都已准备妥当，不管是现在还是未来，她都能获得钱财无忧的生活。

也许你会心存疑惑："理财真有这么神奇吗？"

不。这一点也不神奇。只要你懂理财，并且有恒心、有毅力，愿意去身体力行地实践，那么你也完全可以做到上面说的那样。

还记得莫小白吗？

毕业才三年，工资也不算高的她，就是靠理财活得有滋有味。

理财，原本是人人都应掌握的一门生活技能，就如洗衣、做饭，是一种常识。越早开始理财，将越早获得幸福的生活。

一个二十岁开始理财的人，在人生中获得的自由选择的可能性，要远远大于一个三十岁开始理财的人；而一个人如果三十岁还不知理财，那么今后很可能面临严峻的财务问题。这绝不是危言耸听，那些四十岁还买不起房子，养不起孩子，也没能力赡养老人，被迫干着不喜欢的工作，五十岁开始为养老发愁，六十岁还在为买房欠下的债务辛苦奔波的人，大多是因为年轻时忽略了理财。

◇ 成功理财的四个必杀技 ◇

要幸福，必须理财。而要理财，首先得明白“Q”：EQ和FQ。

EQ（Emotional Quotient）就是我们通常所说的情商。这里说的情商，不是指一个人在职场、在社会中的为人处世之道，而是指一个人理财的热情、持续理财的耐力和意志力，及对自己消费行为的控制力。

FQ（Financial Quotient）是财商，指的是一个人所掌握的财务知识、管理及运作钱财相关的法律知识，及如何进行行之有效的节流、投资等的理财诀窍。

对一个理财者来说，EQ和FQ两者缺一不可。

理财的方法有千万种，每个人的理财侧重点也不尽相同。不过，聪明女人理财时一般都会牢牢把握“四大利器”，这四点，堪称成功理财的必杀技。

第一，把稳到手的，量入为出。

聪明的女人明白：只有真正在自己掌控之中的钱财，才是可靠的、逃不走的，那些可能的、看不见摸不着的钱财，不管它是远在千里之外，还是就在你眼皮子底下，在没到手之前，都是随时可能飘走的浮云。

我有个朋友，有一年刚创业没多久就谈了个一百多万元的项目，约好过几天就签合同。这个朋友有点按捺不住内心的激动，心想合同一签这笔钱就到手了，自己马上就要变成百万富翁了，迫不及待把发财的消息宣扬了出去，四处请朋友吃饭。为庆祝自己做了一笔大生意，她还特意买了一辆几十万的奥迪犒劳自己，心想能开着新车去签合同该多风光。

不料一晃半个月过去了，跟她谈好的甲方迟迟没有回音。

她觉得有点不对劲儿，打了个电话过去询问详情，结果对方说情况有变：公司换了大领导，这个项目合作不成了。

听到这个消息，我那朋友简直如五雷轰顶。眼看就要到手的一百多万不翼而飞了！原本用来维持公司日常运作的几十万现金也被她挥霍了！最终，为了维持公司运转，她不得不抵押新车，从银行贷了一笔钱出来。但前前后后这么一折腾，她元气大伤，心想着以后再也不冲动办蠢事了。

因此，需要谨记：只有到手的钱财才真正属于你；如果没有到手，即使近在咫尺，即使对方说两分钟后就给你转账，那也并不属于你。

聪明女人的理财之道，第一条就是要盯住到手的钱，并以此为财务计划的基础，量入为出。如果有了意外收获，再用它来支付计划外账单，送自己一份惊喜，不是更好吗？

第二，先为自己买单，别的账单往后站。

先为自己买单不是自私、只顾自己不顾别人，而是在安排资金流向时，尽量先满足自己的基本需求，然后再去支付别的账单。

所谓“自己的基本需求”，对一个女孩子来说，健康、保养、持续的学习机会、较满意的生活质量、梦想等作为一个幸福女人本该拥有的东西，一个都不能少。

我认识一个女孩，她和丈夫在结婚那年借钱付了首付，硬撑着在北京买了一套60平方米的小房子。从此以后，两人被房贷套牢，整天忙忙碌碌，每月工资一发就赶紧还贷，每天省吃俭用，什么钱都不敢花，连一个星期吃一顿肉都是奢侈，更别谈别的消费和娱乐了。

由于囊中羞涩，他们舍不得花钱投资，舍不得花钱学习，也不敢跳槽。她和丈夫多年来都在同一家公司上班，以前一个月拿五六千块钱工资，如今物价翻了好几倍，他们的月收入却涨得非常缓慢，一直没有过万。

要知道，他们的房贷年限是30年！难道要为了一套房子这样战战兢兢过30年吗？ 30年后，她和他就是老太太和老头了。这样的人生究竟是否值得？

她活得很不幸福，很压抑，每天都唉声叹气。

为什么女孩会感到如此压抑？如此不幸福？

因为她渴望的是自由自在的生活，她从前是个吃货，喜欢美食，喜欢逛街，可自从买了房，她的这些兴趣全被无情地抹杀了。

对她来说，让自己吃好穿好，每年进行两次以上的长途旅行才是幸福的事，才是善待自己。但她现在的状态是，先支付房贷，然后才是自己的消费。

这样的生活当然不幸福。

财富由人创造出来，也为人所用。这就是它最简单的本质。

可惜，有很多人忘记了这一点。为了追求诸如房子、车子等身外之物，忽略了生活，忽略了自己的梦想，这难道不是本末倒置？

要想成为幸福的女人，当你拥有一笔财富时，最先应想到的就是投资自己，使自己变得更优秀、更美丽，这样的自己才有能力和机会去创造更多财富；同时，也不要忘记第一时间改善自己的生活，使它一步步接近理想，只有这样，生活才能更自由、更快乐，才会充满激情，获得满足和幸福感。

第三，用钱赚钱，养一只会下金蛋的鹅。

自由人人逐之，却并非人人可得。

多少人向往自由，却不得不每天起早贪黑，跟无数人一起挤着公交、地铁去上班。早起、吃饭、挤车、上班、下班、挤车、回家、吃饭——就像一个万能模板，把无数上班族的生活套在里面，使他们逃不出，挣不脱。

每天按时上下班很辛苦，有事请假还得写假条、请上级批准不自由，当上班族真的很不容易。可是，为养家糊口，为一家人的衣食住行，为了不让孩子输在起跑上，不让父母老无所依——敢不去上班？

说来说去，上班族的无奈还是源于缺钱，及由此造成的不安全感。很多人的生活之所以会被金钱绑架，究其原因，是因为他们无法实现财务自由，他们的资产表上，没有一只会下金蛋的鹅，因此，他们不得不每天上班赚取工资来支付账单。

那么，什么是会下金蛋的鹅？

它的形象千变万化，可以是一笔丰厚的储蓄，一项效益不错的投资，一份稳定的租金收入……总之，只要它存在，它就可以源源不断为你带来可观收益。

要想实现财务自由，告别被金钱绑架的辛苦，就得养一只会下金蛋的鹅。

第四，用金钱为梦想铺路，决不当守财奴。

金钱有时是天使，会带给人想要的一切；有时又是魔鬼，会迷惑人们的双眼，迷乱人们的心智。

有些人为了实现梦想而追求金钱，追着追着，却不知不觉偏离了梦想，再追着追着，干脆放弃了梦想，只为追逐金钱而拼命向前奔跑了，甚至干脆把金钱当成梦想，正义、善良、健康、美德、爱情、友谊、家庭这些真正美好而宝贵的东西，通通不要了。

把钱财视为心灵的唯一慰藉和寄托的人，精神会越来越空虚，最终沦为金钱的奴隶。

曾有个嗜财如命的贪官，仗着手上的权力贪了许多钱。他每天最大的乐趣，就是睡觉前拿出保险箱里的钱，一遍遍数着，好像它们是他心爱的孩子一样。后来，这个贪官被人检举进了监狱。

有记者采访他："其实你的收入不低，完全可以用自己的钱过得很好，为什么会走上贪污这条路呢？"

贪官回答："我也不知道当时怎么就财迷心窍了。要是不贪，我本可以生活得很幸福。"

我想，每个人在追逐钱财之前，都应该静下心来好好想想："我为什么需要钱？我要用它做什么？"

每个人的梦想不同，不同的梦想所需的钱财额度也不一样。不见得每个人都需要很多钱才能幸福。相反，绝大多数人想要获得的幸福生活，并不需要太多钱。

生活原本很简单，是攀比和虚荣让人变得盲目和迷失自我，渐渐忘了初心，开始盲目追逐金钱，并渐渐成为金钱的奴隶。要想拥有幸福的人生，我们需要回归初心，并不时追问自己："你所追求的，真的是你想要的吗？"

CHAPTER 2

第二章

理财初体验

你会不会经常发出这样的疑问:“为什么我会花掉这么多钱?为什么攒不下钱?我的钱到哪里去了?”

聪明女人都知道,对于钱财,只有紧紧抓住已经到手的那一部分,它们才能不断积累,变得日渐丰厚。可在生活中,很多女人不懂这个道理。由于一些不良的消费习惯和消费心理,她们总是看不住自己的钱包,钱财像漏斗中的沙子一样往下漏,她们却浑然不觉,不知道这些钱财落向了哪里,也不知道它们是什么时候通过什么途径溜走的。

◇ 你在白白养活谁 ◇

在三年前的那次平安夜聚会上，当我们缠着莫小白问这问那向她取经时，她向我们介绍了一个人——理财师韩女士。

韩女士是一位优秀的理财师，虽然没比我们大几岁，却已事业有成。她是莫小白的好朋友，也是她的一个作者。莫小白说，她能有今天，多亏了韩女士的帮助和指导。

第一眼见到韩女士，我就对她颇具好感。得体高雅的着装，一脸真挚的微笑，处处彰显出她良好的生活品位，及她的平和与善解人意，而最令人羡慕的，还是她浑身上下散发出的优雅、从容的气质。

简单寒暄几句后，第一次理财咨询开门见山地开始了。

理财师韩女士先询问了一下我们几人的财务现状，并问我们："你们能各自说一说为什么会缺钱花吗？"

为什么会缺钱？这的确是一个问题：收入差不多，我们却和莫小白在生活品质上相差这么大，她积攒了一笔不小的财富，我们却个个是月光族。

是什么导致了这种差距？

跟韩女士见面之前，我们已经知道了答案——是因为我们不会理财。但具体表现在哪些方面呢？

不会理财就是不会过日子？

Cherry一直觉得自己挺会过日子。她几乎没买过一件超过500元的衣服，绝大多数衣物都是花几十元淘的，她买什么都货比三家（当然比的是价格而不是质量啦），更没买过项链、手镯等奢侈物品。她处处都在节省。

我也觉得自己没买过一件奢侈品，只把钱花在了吃、穿、住这些最基本的日常开销上，谁能离开吃饭、穿衣、住房呢？我认为我的全部钱都用在了“该用”的地方，除此之外，我完全想不起还把钱花在了别的什么不该花的地方。我也觉得自己挺会过日子。

我们赚得不算太少，可我们依旧过得紧紧巴巴，还攒不下钱？为什么？

是谁动了我们的钱包呢？

理财师提醒我们，要回答这个问题，首先得理清以下这些问题：

什么是真正的省钱？

什么是奢侈品？

什么钱“该用”？什么钱“不该用”？

在遇见理财师之前，我们对这些一直抱着错误的见解。

现在，我终于明白：

一、省钱不是买最便宜的东西，而是花最少的钱买到真正想要、必要的东西，让买回来的东西物有所值。如果花钱买了一堆没用的东西，就算价格再便宜，那也是在浪费钱财。

二、奢侈品不见得就是金银珠宝这些昂贵的东西，如果一件物品并非必需，那它就是奢侈品。

三、“把钱花在吃、穿、住上就是为自己所花，就是值得的”这个观点也是错的。如果不懂花钱的诀窍，那么就会在吃、穿、住上多花许多冤枉钱，相当于白白把自己辛苦赚来的钱送给别人。

是谁动了我们的钱包？

理财师让我们明白：每个人都掌握着自己的钱包，偷走我们钱包里的钱的，不是别人，正是我们自己。

如果一个人不懂如何花钱，那就相当于在自己的钱包上戳了一个洞，让辛苦得来的钱像流水一样“哗哗”往外流。别人根本不用“偷”，他们只需“拿”，就可以轻而易举占有你的财富。

这些堂而皇之占有你财富的“别人”，可能是房屋租赁中介，是房东、银行、百货商场、服装专卖店、网店商家、餐饮店、超市、饮料生产商、电信服务商、电影公司……凡是你支付了不必要的钱款，那么，就会有那么一个“别人”把手伸进你的钱包，把你的钱“拿”走。

守财如防洪，要想不让辛苦钱从指间白白流失，就得先找到它的漏洞在哪里。找到漏洞，并想办法堵住它，才能守住自己的钱包，使它日益丰盈。

◇ 不可不警惕的广告 ◇

广告，是商品的孪生兄弟，自从有了商品，它便应运而生，如今更是随着商品的丰富而蓬勃发展。商铺招牌、灯牌广告、电视广告、网页广告、POP广告、报纸杂志广告，各式各样的广告铺天盖地，充斥着城市的各个角落，极力鼓动并左右着人们的消费。

“听说三八妇女节商场在做优惠活动，力度挺大的，去看看吧。”

“哇，免费试吃试用，只需运费？好值啊！”

“全场9.9元，怎么会这么便宜？”

“家电0元免费购？不可能吧？”

“双11又来了，各大电商又掐架了。东西真的好便宜……”

在电视、电脑上，在街边，在电梯广告栏里看到诸如此类的店家节日回馈庆典活动，商品优惠、折扣广告，总是令喜爱购物的女性欲罢不能。

广告催生消费。

在广告的狂轰滥炸中，总有那么一群消费者会蠢蠢欲动、迷失方向，哪里的广告做得起劲，她们就往哪里赶，好像那就是正确的方向……

我的朋友杜美美，就是这样一个极易受广告煽动的女人。她是条网虫，一天到晚像一只机敏的猎狗，一有空就上网四处搜罗吃喝玩乐方面的团购、打折和优惠信息。

“呀，这件大衣原价2099元，团购价才199元，不到一折呀！简直太便宜了！”

“免费试吃？这个不错呀，运费才十几块钱。要了！”

杜美美一见到网上各种广告宣传，就两眼发呆，口水直流。有一阵，她对网购到了痴迷的程度，天天趴在网上淘这淘那，经常没到月中就把一个月工资花光了，接下来只能到处借钱度日。

我的另一个朋友小梅，则热衷于逛街。有事没事就爱去街上闲逛。然后一看到具有诱惑力的促销广告，她就走不动了，两腿像是被施了魔咒，不由自主地朝店里走去。

这时，如果有人对她说：“你又不缺这个，走吧。”

她会说：“哎呀，只是看一看嘛！我又不买。”

话虽如此，可一旦进入店内，她就完全忘记刚才说的话，对那些折扣商品爱不释手，最终往往忍不住就掏钱买下了。

在我身边，像杜美美和小梅一样的女生可真不少！

也许，女人就是天生容易被广告诱惑、为购物疯狂的动物。只是，当她们的步伐紧追广告，当她们为自己不假思索丢入购物车内的商品买单时，她们中很少有人会问自己：“这些五花八门的商品，这些因为便宜而一时冲动买下的商品，这些曾让自己心潮澎湃、觉得物超所值的物件，究竟是不是真实所需？自己是否真正在这些折扣活动中占到了便宜？自己是否在白花了一堆冤枉钱后，就把带回家中的商品搁置在一个容易被遗忘的角落里？”

很多人之所以禁不住广告的诱惑，是因为花钱太任性、太随心所欲，很少理性地分析自己的消费行为。而如此任性的消费，绝对是对钱财的极大浪费。

就拿杜美美来说，因为热衷于购物，她的小房间被各种大大小小的物品挤占得有些“货满为患”——墙上挂满了东西，桌上摆满了东西，门背后挂着各种款式的大包小包，床上、沙发上、地板上、花盆底下、桌底下，也都横七竖八地堆着衣服、抱抱熊等毛绒玩具、书本、杂志、CD……

每次去杜美美家，我都有种无处下脚的感觉。看着满满当当一屋子的东西，床上也被堆得几无空间，我忍不住问：“这么多东西，你晚上怎么睡？”

杜美美回答：“要不是每一两个月进行一次大清理，我还真没地儿可去呢。”

“大清理？”

“对啊，多余的没用的就拿去扔掉啊。”

这么说，她每天拼命买啊买，买来的大多数商品，不是被随意堆放在某个无人问津的角落，或被塞在床底下、橱柜顶上再也想不起来，就是在大清理时被白白扔掉。

有一次，我特意估算了一下那些被美美视为垃圾的物品——它们已经被整理出来堆在墙角，马上要被无情地丢进垃圾桶了——当初购买的价值少说也在千元左右。

每次清理掉一千元，一年下来就是近万元！

而那些闲置的东西，总价更是不菲，单说衣柜中那些只穿过几次甚至一次也没穿过的衣服，就价值上万块。

对杜美美来说，一万块钱并不是小数目。这笔钱，相当于她一个半月的工资、等一年才能得到的年终奖金、三个月的房租。而对于几乎“月光”的她，要想积攒下一万块钱，则需要花更多时间。

可是，在广告的煽动下，她却在不知不觉中把一万块钱随随便便就花出去了。她用这一万块钱买来一堆不实用的东西，然后再耗费时间和精力把它们整理出来，丢进垃圾桶。

可见，要想守住自己的钱包，就一定要警惕广告的煽动！

◇ “瘾”的魔力 ◇

美食对吃货们来说，是很难抗拒的诱惑。见到美食就想马上品尝一番，看到美食广告就直咽口水，经过美食店就会忍不住掏出钱包的人，大多有“吃瘾”。

爱吃并不是坏事，坏就坏在对吃上了瘾。如果上了瘾还意识不到，意识到了也不打算戒除，而是任其自由发展下去，那么慢慢地，吃瘾会越来越重，会渐渐失去控制，并在超过一定限度后开始发挥副作用。

我有个朋友的同事，是个嗜吃成瘾的女生。不论是见到她本人，还是看她晒的照片和视频，她无时无刻不在吃东西。每天上下班路上，她手里都会提着一袋吃的。上班时间，只要不是在开会，她也总有机会偷偷从抽屉里掏出零食塞进嘴里。她给人的印象是嘴巴从不闲着，大概除去睡觉时间，她就没有不在吃东西的时候。

这个女生刚刚大学毕业，一个月基本工资五千元左右，虽然不高，但也还说得过去。可她却天天喊穷，每到发工资的前一个礼拜就在办公室嚷嚷着又买不起零食了。

这个女生如此嗜吃的结果，就是工作了许多年后，当同事们都开始买房换车时，她却依然钱包空空，而且越吃越胖，还吃出了“三高”。

“吃瘾”会把人吃穷，“玩瘾”也会把人玩穷。

我的老同学凯瑞精明强干，大学一毕业就拿二十几万元的年薪，是大家公认的女强人。不过，这个女强人工作了五六年后，依然在北京居无定所，想在郊区买房，连几十万的首付都拿不出。

按她的年薪算，这几年来的收入少说也有一百多万了，除去日常开销，拿出几十万来付首付应该不成问题。事实却是，每次说起买房，凯瑞就叹息：“我的银行卡就从没超过十万的储蓄。”

凯瑞的钱去哪儿了？

认识凯瑞的人，都知道她玩心很重。她不喜欢宅在家里，也不是成天泡在办公室的工作狂，一到周末或假期，她就会约同事、好友一起去K歌、蹦迪，而且喜欢主动买单。几千块钱，如果拿来买米面粮油，也许一年都够用了，可在KTV、舞厅这些消费场所，一个晚上就可以花得精光。又由于凯瑞的生活常年如此，也难怪她攒不下钱。

如今，凯瑞也是即将三十岁的人了，疯玩的心收敛了一些，终于想要买房结婚生子，过"正常人"的生活了。可是，没有积蓄，没钱买房，还因为经常玩起来通宵达旦，身体也变得好差。说起这些，凯瑞不禁对前几年的生活方式感到有些后悔。

除了吃瘾、玩瘾，还有各种别的"瘾"或"癖"，如网购瘾、收藏包包癖、收藏古董癖等。这些行为本身没有错，但因为过了头，所以对生活造成了负面影响。

一个"贪"字，一个"贫"字，只需小小改动一下，"贪"就变成了"贫"。

在字典中，贪的意思是"求多，不知足"。贪是瘾的源头，不管"吃瘾""玩瘾"，还是对别的东西上瘾，都是因为心中有贪，行动上不知节制，结果因贪成瘾。而瘾是一种缓慢但可怕的燃烧，它不动声色，却在不知不觉中在我们的钱包上烧出了一个洞。接着，钱财就会像沙粒一样不断从洞中漏出。如果你对此毫无察觉，或不想办法去阻止事态的发展，那么等到某一日需要花钱时，面对空空如也的钱包，你只能懊悔嗟叹。

因此，要想成为钱财无忧的幸福女人，要想守住自己的钱包，就得戒掉生活中那些烧钱的瘾。

而说起戒瘾，只要你能做到“吾日三省”，懂得消费后及时反思，并对生活中的各项花费设定一个限度，努力使实际消费不超过这个限度，就不难做到。

积累财富需要早做打算。如果你希望多年后的生活可以钱财无忧、不受钱财的困扰，就从现在起戒掉全部的“瘾”吧！早一日戒掉花钱的“瘾”，就会早一日告别“月光”，未来也会多一份财富保障。

◇　消费中的短视心理　◇

这一篇还得从Cherry说起。

在理财咨询时，Cherry跟我们分享了一则她的消费故事。现在，我把它分享给大家，希望在看完这则故事后，有更多人能看清存在于自己身上的消费“短视心理”。

漂亮衣服被誉为女人的“第二皮肤”。女人都是爱美的动物，Cherry也一样，对漂亮衣服总有一种看见了想买的冲动。

如果钱财宽裕，我相信Cherry会同很多女孩一样，拿着不愁还不上钱的信用卡、会员卡在商场尽情扫货，把喜欢的漂亮衣服通通搬回家。可惜，Cherry不是钱财无忧的富家女，也不是月入数万的高级白领。她只是一个普普通通的中学老师，一月一万元的收入，支付房租、伙食费、交通费、通信费等就所剩无几，更何况她心里还憧憬着攒钱在京城买房，哪有闲钱买漂亮衣服！

可是，女人的衣橱里怎能没几套漂亮衣服呢？

从北京不远千里跑去哈尔滨见阔别数月的男友，总得穿一套新衣服吧？

朋友、同学聚会，别人都穿得光鲜亮丽，自己的衣服却皱皱巴巴也不妥当吧？

春节回家，亲朋好友欢聚一堂，如果不穿一套新衣服过年，叫父母怎么想？

但鱼和熊掌不可兼得，既要省钱，又要穿好可不好办。

没办法，钱少就只能买便宜货了。周末，加完班拖着一身疲惫爬上床的Cherry，最喜欢做的事就是打开手机，在各类购物软件上搜搜搜、淘淘淘。

虚拟的网络购物平台真是方便！足不出户就可以买到任何自己想要的东西。Cherry买东西的习惯向来如此：先按销量排序，选出热门的流行款式；然后以价格排序（由低到高），找出那些与流行款式相仿的衣服，只要网络评分不是太差就果断入手。

Cherry不知道，其实手机购物存在一个巨大的陷阱：因为不需要走着逛街，躺在沙发上、床上就可以购物，因此她常常陷在那些网店里无法自拔。漂亮的款式是如此之多，买了这件又想买那件，买了裙子又觉得还缺一双与之配套的凉鞋，买了帽子又觉得还缺一条相称的围巾……不知不觉，半天时间就过去了。她有时会一直从下午买到深夜，“忙”到晚餐都顾不得吃。

入睡前，她心满意足地看了看满满的“购物车”，里面全是她这一天千挑万选出来的“成果”。一看总价有点高，她有些犹豫，于是看了又看，打算从购物车里删除一两件商品。但看了看，又觉得哪件都不能缺。

反正迟早要买，不如就现在买了吧！

Cherry想起了这一年的辛苦工作，心想：这么辛苦是为了什么呢？还不是为了让自己生活得好些。买吧！充其量也不过是一两天的收入。

就这样，Cherry果断点击了支付键。

几天后，快递小哥送来了一个大大的包裹。抱着沉甸甸的包裹，Cherry觉得这几百块钱花得太值了。在商场，几百块还不够买一件衣服；但在网店，却可以买一堆！

那么，这些衣服怎么样呢？

一分价钱一分货。乍一看，Cherry花几十元买的仿货、冒牌货，其款型、样式跟品牌旗舰店卖几百元的正品相比好像也差不多，但仔细看时，尤其是拿在手上或穿在身上时，差距就出来了。

正品毕竟是正品。贵是贵，但品质在那里：布料好，颜色正，做工精细，穿上身很舒适、很有质感，而且穿上多年也不会变形、褪色。

而花几十元买的仿品呢？且不说用的布料次，做工差，到处是线头，还有不透气、不吸汗、扎皮肤等诸多毛病；颜色也不正，穿在身上不但不舒服，且毫无质感可言。尤为重要的是，这些廉价衣服有不少在洗过几次之后就没法穿了，有的变得皱皱巴巴，有的开始缩水，有的变得松松垮垮，有的缝合处开裂，有的拉链坏掉……总之，都该报废了。

由于低价淘来的衣服“寿命”短，Cherry虽没少买衣服，却总愁没衣服穿。尤其在需要出门时，她每次都会望着被各色廉价衣服堆得满满的衣柜唉声叹气：“怎么就没有一件穿得出门的衣服呢？”

真是“衣到穿时方恨差”啊！

Cherry看似舍不得买好衣服，一直在省钱，实则根本没在买衣服这件事上少花钱。毕业三年来，她在买衣服上的花销差不多有2万元。而莫小白在买衣服上的花销也不过如此，可穿戴的档次可比Cherry高多了。

为什么Cherry宁愿花2万元买一堆穿几次就扔掉的衣服，却舍不得花同样多的钱买几套能穿上几年的好衣服呢？

在现实中，也有不少女人跟Cherry一样，她们宁可一口气买10件只需花几十块钱，却跟本没法用的垃圾货，也舍不得花500块钱买一件自己心仪已久且质地优良的商品——这种心理，就是消费上的“短视心理”，她们只看到了眼前少花了几块钱，却没有考虑过长此以往，她们将为此付出怎样的代价。

很多人在消费中都存在“短视心理”。

有些人一看到优惠广告就忍不住想去“沾沾光”，以为自己占了便宜，其实不过是中了商家高价低折扣的圈套。即使真是物有所值，也不见得你就占了便宜，因为你正被商家诱使着进行一些不必要的消费，正当你为淘到了超值物品而心里美滋滋时，你的钱财从你的钱包里跑出来，飞向了别人的口袋。

有些人在购买家用电器时不看品牌信誉度、产品口碑、配置，而只看折扣力度，哪家折扣力度大、价钱低就买哪家的，结果买回家后用不了多久，各种质量问题浮出水面，购买者不得不为不断的维修付出惨重代价。

有些人甚至在购买房子这样的大事上也贪图便宜。理财师韩女士给我们分享过一个案例，说的是她的一个客户，当年买房时一看某地的房子才100万元，另一个地方的房子却要120万，为节省20万，他觉得牺牲点阳光、牺牲点物业服务没什么。可住进去后，房子问题频出：屋顶漏水，一年四季见不到阳光，空气流通性差，小孩上学不方便，商家送的装修也很不好……各种问题接踵而至。为了解决这些问题，这个业主费了不少折腾，还花费了不少钱财，真是得不偿失。

因此，在消费中一定要警惕“短视心理”。如果意识不到自己身上存在的消费“短视心理”，就很容易花冤枉钱，使辛苦赚来的钱白白浪费掉。

◇ 要面子还是要里子 ◇

一件衣服有面子和里子，生活中的许多事情也都是如此。

比如，拿吃饭来说，如果非要下高档馆子、点菜谱上标价昂贵的菜、追求鸡鸭鱼肉满席的排场，这就是要“面子”；而“里子”很简单，它讲究的是货真价实，是好口味，是健康营养，还有席间人与人之间最朴实无华的真情。

传统上中国人比较好面子，面子在很多人眼中经常比里子更为重要。这一点，从宴席上最能体现出来——不管有钱没钱，国人办宴席向来注重排场，讲究“高大全”（餐馆门面装修要高档，宴席排场要大，席上烟酒要高档、菜品种类要齐全）。

“高大全”的宴席，“面子”上的确够排场、热闹，可“里子”怎么样呢？

感情不会因一次表面上的欢聚而增进多少；脸上客客气气的宾客，出门前一分钟也许还在纠结“来与不来”“要不要随礼”“该随多少礼”；宴席上向你举杯庆贺的亲友，心里可能正抱着不得不“还礼”的无奈，或正暗自盘算着总有一天你得将这份人情还回来。

坦白说，这样的情况不是很常见吗？

如果参加喜宴的宾客存在许多顾虑，忧心忡忡，内心满是各种跟钱财有关的盘算，而不是满怀对主人的衷心祝福，那这样的宴席还有什么意义可言？

大搞排场本不是什么“赚”面子的事，不过是铺张浪费罢了。我想，没人会因为办一次盛大的宴席就受到宾客们的尊敬。

道理虽是这样，很多人也明白，但在现实生活中，“里子”总是拗不过“面子”，人们总是一次次向“面子”投降。

如我结婚那年，本来已和子乔商量好择个佳期，知会亲友，简单操办婚礼。不想婚期前某一天，爸爸忽然打来电话，说家里去年买房的钱还没还清，婚宴少说也得花10万元，看是不是让婆家也帮着想想办法。

“爸，不是说好了简单操办吗？把亲戚请在一起吃个便饭，哪用得了10万啊！”我吃惊地问。

“10万还是最低预算了！我和你妈算了算，家里的远亲近亲，还有我和你妈的同事、朋友，加起来至少得18桌，预留2桌以备万一，就是20桌。按现在的物价，海鲜牛羊鸡鸭鱼样样上齐，1500元一桌不高吧？除了饭菜，烟酒也必不可少。现在办喜宴，最次的烟也得硬中华了，递给客人的烟一般都用软中华；酒的话，白酒、红酒、黄酒各样都要，买不起茅台、五粮液，至少也得用价钱上百的酒吧，要不然上不了台面……”

我拗不过父母，只得照办。

短短几天时间，一场婚礼，喜宴、烟酒、雇花车、礼服、婚纱摄影等各项开销耗去了全家十几万元。为这十几万元，两家父母全部倾囊相助，还在亲友处借了不少钱；我和子乔辛苦攒了两年的积蓄也化为乌有了。

我不知这样做有什么“风光”和“面子”，只知它给全家人带来了沉重的负担，还使我又回到了一贫如洗、极没安全感的状态。

也许有人会问：“婚礼上亲戚、朋友们随礼的钱应该不少吧？多少也能赚回来一点吧？”

婚宴上长辈们的确给了我不少红包，但俗话说："人在江湖，出来混，迟早是要还的。"

面临如今物价节节攀升的形势，随礼钱也水涨船高，几年前包个红包以百元计，现在却动辄以千计，一两千已经是起码的数字，大方一点的出手就是五六千，甚至上万，装在红包里厚厚一沓才够面子。如果红包太小，里面装的钱太少，随礼时都不好意思送出去。

正因如此，我拿着那些随礼钱根本不敢花。只敢把它们老老实实存起来，以应对这一两年就要面对的"还债"。

因此，一场婚礼下来，主人家不赚，来参加喜宴的宾客们更是无从"赚"起，真正赚的是承办宴席的酒家、婚纱摄影工作室、婚纱礼服店、婚车出租公司、喜糖店、烟酒店……

人们办的宴席越多，办得越豪华、越讲排场，他们就赚得越多！

其实，面子和里子孰重孰轻，人们心里都明白。只是好面子的人，要磨开那一层面子实在是难。这不但需要你知道自己在好面子，还得下狠心去磨开面子，说得厉害一点，就是照着自己想做的去做，要能豁出去。

我起先也是因为磨不开爸妈的面子，豁不出去，所以在婚礼上白白花了那么多钱。后来，在理财师的激励和同伴们的鼓励下，我终于鼓起勇气，在乔迁、父母过寿等事上一律从简，只是自家几个人小小庆祝，倒也简单温馨。如亲友诚心来贺，当然也欢迎，但不必大肆铺张，也不收贺礼或收后一一退还，既让亲友满足了前来庆贺的心愿，也能免去给亲友添加经济上的负担。

这样做，在分外看重面子和排场的我的老家，最初的确有些“不合时宜”，很难被人接受，我也曾受过一些长辈的指责和批评。但渐渐地，我的坚持却不知不觉影响了身边的人。尤其是跟我差不多年龄的哥哥、姐姐、弟弟、妹妹，在遇到此类事情时纷纷开始效仿我一切从简的风格。

事实表明，我做得没错。前些年，有好几家亲戚为相互随礼时钱多钱少互生意见，闹得彼此不和；自从他们效仿我行事后，过去的不和居然通通消除了，彼此间的关系又变得和睦起来。

鸟为食亡，人为财伤。何必为了钱财上的面子而伤了和气呢？

干干净净来往，与钱无染的交情，往往更加真心诚意。

除了大肆操办的各类宴席，在小事上也要改掉好面子的陋习。比如在请朋友吃饭时，可以亲自下厨摆家宴；如果家里招待不下，下馆子点菜也应更注重健康、营养，并要照顾到客人口味，菜品贵在精致、可口，而不在多，没必要搞好看不中吃的面子工程。若是真朋友，一起喝二锅头，吃花生米，大口啃萝卜、吃土豆，又何尝不是一件开心事儿呢？

也许一开始，那些看重面子和排场的客人会不太习惯，但我相信，只要一个人付出真诚和真心，对方是迟早会感觉到的。以我的经验，随意一点的聚餐更能增进彼此的感情，而排场很大、过分隆重的饭局，反倒使彼此显得生疏、拘谨。

当然，招待朋友可以随意些，不必太客气，不必讲究排场，但不能随便，而是应当尊重客人，要照顾到客人的喜恶。随意让人感到亲切、放松；随便却会让人产生受冷落、不被重视的感觉。

除了吃上的面子，生活中还有各种别的面子也在挟持着我们。这些“面子”会让我们在消费时丧失理性。那些为了购买昂贵化妆品而让自己深陷借贷债务困境，为了跟身边人攀比房子、车子而把自己拖进财务泥潭，为了得到并炫耀名贵的奢侈品而出卖爱情的人，无不是“面子”的受害者。

因此，要想过幸福生活，还得克服爱面子的心理。只有“里子”才属于我们自己，是真正值得珍视和好好对待的生活本身。

◇ 马马虎虎，日子越过越马虎 ◇

过日子要会精打细算。如果今天能算到后天的账，并为明天做好准备，日子过起来就会游刃有余；而如果对钱财马马虎虎，过了今天不知道明天会怎样，后天的事根本不想，那么日子就会越过越马虎。

我有两个朋友，一个叫夏风，一个叫彦小妮，这两人都对数字没概念，对理财也一窍不通，因此在初来北京闯荡时，吃了不少钱财上的亏。

六年前，夏风和彦小妮怀揣梦想，口袋里装着4万块钱，一起来北京闯荡。京城房贵，那一年，北京的房租已涨得很高，一套五环附近的40来平方米的标准一居室，普遍租金在4000元左右。4000元一月的租金，对同样的钱足够在老家交大半年房租的小城市青年来说，绝对是天价。可天真的彦小妮却说："北京嘛，物价当然高。没事，物价高，工资也高。不能在住房上委屈自己。租！"

于是，刚到北京不久，两人就搬进了一套月租金4000元的一居室里。在签了合同拿到钥匙后，两人在附近超市买了一大堆锅碗瓢盆，大有要在这里定居的架势。

半个月后，夏风虽然顺利找到工作，可前3个月的试用期工资才4500元，而且没有绩效奖，仅够支付一个月房租；而自以为找工作出手必中的彦小妮，在网上投了无数份简历后却音信全无，连个面试通知都没有接到。

转眼一个月过去了，眼看最初的4万块钱在交了4000元中介费、4000元押金和12000元第一季度房租，并扣除一个月生活费后，只剩下不到一半了，彦小妮有些心慌。

这个地方显然是住不起了，两人思来想去，唯一的办法就是搬家。

在北京的第一个住所住了两个半月后，夏、彦两人损失了4000元押金，顶着八月里火辣辣的日头，从北京的五环搬到了六环外，跟五六个人合租在一套由大两居室改造成的小四居室内。

这下租金是便宜了，每月只需1700元，可环境太差，让两人忍无可忍：木板墙隔音效果差；一起合租的租客素质低，没人愿意配合轮流打扫公共空间；此外，入住前商量好一起分摊的水电费也让彦小妮头疼不已——由于水电费均摊，其他几个房间的租客日夜空调，通宵游戏，白天也开长明灯，好像不狠狠用电就对不起自己似的！

每次收到电费通知单，彦小妮就气炸肺！她和夏风一天到晚在外跑，连开灯的时间都很短，更别说使用别的大功率电器，可每月均摊到户的电费竟要200元。

沟通是没有效果的。

人家说："住不惯你们就搬走好了，又没人强留你们。"

好不容易挨到了10月份，彦小妮一找到工作就着急要搬家。夏风没办法，只好请假陪老婆四处看房。连带周末看了四五天房后，彦小妮又有些心急，于是看到一处相对还差不多的，就急匆匆定了下来。不久，两人便搬进了一间月租金2500元的主卧里。租金不算太贵，地段也还不错，住在次卧的一对小夫妻也挺和善。但在那里住了大半年后，阴暗潮湿、不透气、爬虫滋生等问题逐渐暴露出来。天生就有些娇气的彦小妮又嚷着住不下去了，于是再一次匆匆地搬家……

就这样，来北京短短两年，夏风和彦小妮两人住过京城的东边、西边、南边、北边，被迫搬了八九次家，为此付出的中介费、违约金、搬家费、误工费等代价，细细算来少说也有小两万，相当于彦小妮当时好几个月的工资。

凡事预则立，不预则废。过日子好比经营一家店铺，而我们，则是这家店铺的掌柜。一个好掌柜，心中必须得有一本明账，知道自己的店能做多大，也知道如果不盈利，自己的店铺能支撑多久，因此他会预料风险，仔细安排每一笔预算，并留出一定预备金以备不时之需。这样，店铺才能抵御风险，长久经营下去。而一个糟糕的掌柜，则往往账目不清，对账簿上的数字稀里糊涂，花起钱来不做预算、随心所欲，长此以往，他掌管的店铺就会麻烦重重，陷入财务危机。

诚然，在北京这样的大城市，高昂的房价让普通的上班族望洋兴叹。想靠一月区区几千元的收入在京买房基本无望。

话说回来，即便暂时没实力买房，租房住还是没问题的。

北京的房租是贵，但毕竟可以按月或按季度“分期付款”，租一套差不多的房子，对大多数白领来说仍不算太大压力。之所以有那么多人抱怨租房难、租不起房，很多时候是因为眼高手低，想花很低的价钱租到完美的房子；或根本不懂得租房的门道，如夏风和彦小妮一样，因此多花了钱，反而还住得不舒服。

和夏风和彦小妮一比，莫小白在租房上明显技高一筹。在北京租了5年房，莫小白才搬了一次家，而那一次搬家，还不是像夏风他们是“被迫无奈式搬家”，而是“生活品质提升型”搬家。

为什么莫小白就可以一步到位，而夏风他们却要三番五次被迫搬家呢?

那是因为莫小白心中有算盘。自己有多少收入，现有收入够支付多久房租，同样的价钱可以在哪里租到最合适的房子，租到的房子地段如何，能不能常住，她都在看房时一一考虑到了。对于租房，事先做足功课，事后就不必反复折腾，更不至于白白损失违约金和搬家费，还能避免因为付不起房租让自己措手不及。

◇　小账精明，大账糊涂　◇

还有一类女人，她们很有主见，很了解自己需要什么，不需要什么，不会屈服于广告狂轰滥炸的攻势，买所有东西都会货比三家，心中有账，极少因为某一项喜好而过度耗费钱财，十分清楚每一笔钱的去处，决不允许自己乱花一分钱——总之，她们在很多事情上都十足精明。

在我的朋友中，王琳可谓是这样一个精明鬼的典型。

虽然出生在富裕家庭，但王琳从来不会拿着父母的钱胡乱挥霍。还在上学时，她就养成了一些良好的理财习惯，如记账、存钱、把零钱装进储蓄罐，此外，她还有每月预算，虽然不是很精细，但哪些用来买衣服，哪些用来买零食，哪些留着应急，会有一个大致的分割。

这样的王琳，跟我和Cherry这些理财盲相比，已经非常厉害了。不过，就算是她，在花钱上也有决策出现重大失误的时候。

三年前，在“谁动了你的钱包”这一主题理财课上，理财师问王琳在理财上有什么难题，王琳就把她买房的事儿说了出来。

在王琳看来，房子是迟早要买的，迟买不如早买，早买就可以早住；车也是必需的，有了车，上班、外出游玩就会方便很多。可是买了房子、车子后，沉重的房贷、车贷又压得她喘不过气来，令她的生活质量大打折扣。

她为此感到十分苦恼。

听王琳倒完苦水，理财师微笑着问："嗯，那你觉得你在房子和车子上花的钱合理吗？"

"我觉得还挺合理的。"王琳回答。

王琳的理由是：

1.她讨厌上下班高峰期挤公车地铁，有了车，她就可以不必挤车受罪了。

2.她喜欢周末外出郊游，有一辆自己的车，出去购物、郊游很方便，比打车省钱。

3.房子迟买不如早买，假定寿命为80岁，一套70年产权的房子如果现在买，能住52年，而如果5年后买就只能住47年了。更何况在北京，期待5年后房价不涨甚至下跌，也十分不现实。

4.租房比买房贵，不划算。以她买房的小区为例，在附近租一套50平方米的房子年租金8万元，租70年需花费560万，还不考虑租金上涨等问题；而现在买一套50平方米的房子，虽然总价要500万，还贷压力很大，但房子能保值、增值，绝对是一项值得的投资。

王琳的分析头头是道，让我和Cherry极为叹服，理财师听完之后也不禁点了点头。略微思索了一番之后，她问王琳："刚才你说买车是因为开车比打车省钱，上班时可以避免挤车，那你为什么不租一套离单位近，可以步行去上班的房子，然后在需要出远门时选择打车或租车呢？我觉得你其实完全不必要买车。”

的确，王琳当时租住的房子离单位四五站地，租金与单位附近的房子比，只略低一点。她完全可以搬到单位附近住，然后步行上班。这样就根本不必开车上班了。至于想开车去郊游、逛超市，王琳则完全陷入了混乱逻辑——买车是为了便于购物和郊游；可买车后一月数千元的车贷，却使她根本没有余钱去郊游，外出购物的次数也大大减少了，那她为此买车的理由还成立吗？

以王琳目前外出郊游和购物的频率，即便每次外出都打车，一年的费用5000元足够了。如果她不购买那辆20多万的马自达，而是把这笔钱存起来，光利息就足够支付打车、租车的费用。这样，原先用来还车贷的近3000元就可以拿来补给生活，而且还省下了买车险及支付保养费、停车费等上万元费用，何乐而不为。

再说买房这件事。理财师拿起计算器，给王琳细细地算了一笔账。

当时，王琳买的房子为全价500万，商业贷款300万，基准利率为6.55%（王琳的公积金缴纳还不满一年，不能使用住房公积金进行贷款），用**等额本息**的还款方式分20年付清，每月要支付22455.59元房贷（其中10000元为父母帮忙支付），累积支付的利息是2389341元。这大约239万元，相当于是白白掏给银行的。

听了理财师的分析，王琳开始怀疑起自己的决定，她怯怯地问："难道我不应该买房？"

"你先别着急下结论。"理财师韩女士微笑着说，"我们再来算一笔账。"

接着，韩女士又拿起计算器，算了起来。

如果王琳当时因为房贷压力大不买房，而是打算等三年后再买，首付至少可以增加55万（以她目前月薪22000元计算，合理安排收支的话，每年攒10万不是问题；同时，父母赞助的200万首付，即便只是存银行定期，按当时三年期利率4.25%计算，三年利息收入累计总额约为25.5万元），而且可以申请公积金贷款和商业贷款的组合贷款。也就是说，3年后买房，王琳可以拿出255万元首付，贷款额也相应少了55万元，再使用组合贷款，贷款年限还按20年算，换成等额本金的还款方式，那么，20年需要支付的利息总额是1529094元，比提前三年买房减少了大约86万元，而第一个月支付的房贷是22897元，跟提前三年买房差不多，但此后每月的还贷数额会递减，还款压力会越来越小。

当理财师把一个个数字记录下来时，王琳的情绪渐渐激动起来。最终，她失控大叫了起来："我太冲动了！86万呢！我省吃俭用也得节省八九年才能攒这么多钱！我怎么就没想到呀？都怪我妈，总催着我买房……"

理财师不动声色地听王琳抱怨着。等王琳抱怨完，一脸激动地坐在一边生闷气时，她又笑了起来："你知道阿姨为什么要让你那么着急买房吗？"

"她说北京寸土寸金，房价肯定要涨。现在不买，过几年就买不起了。"王琳没好气地说。

谁知理财师却拍了一下大腿，提高音量说："长辈不愧是长辈，就要比年轻人看得远呀！"

王琳，不，是我们所有人的目光，都齐刷刷地投向了理财师。我们都把眼睛瞪得很大——理财师刚才那一番分析和计算，难道不正是让王琳晚几年再买房，到时候压力会更小吗？这会儿突然这么说是什么意思呢？

看着我们几个就像是坐了一趟过山车，韩女士又笑了。

"其实，我刚才是诱导你们的，看你们会不会被我带偏。理财这件事，不管对方是父母，是理财师，还是其他方面的内行与专家，都只能提供一些信息和建议，最终该怎么做，还得自己来做判断和决定。"

她喝了一口水，接着说道："就像买房，也算是人生中非常重要的一件大事了。有人认为买房要趁早，因为工资涨幅永远赶不上房价；有人却持观望态度，认为没必要把自己搞得那么紧张，缓几年，等自己有了更多的积蓄再买也来得及，说不定在政府的宏观调控下，房价还可能回落。总之，公说公有理，婆说婆有理。"

"那到底是买好，还是不买好呀？"我们几个都急着想知道答案。

“因人而异咯！”韩女士用手指着王琳，说，“你，王琳，反正已经买房了，就等着升值吧。阿姨说得没错，北京这地方寸土寸金，房价也许短期内会有回落，但总体上肯定要上涨。你也许没有赶上房价的波谷期，但也绝没有吃亏。既然家里有条件，为什么不买呢？虽然算一算，过几年再买，首付多了，贷款利息可以节省不少；但三年后的房价会怎样呢？也许每平方米涨一万，也许每平方米涨两万、三万，谁也说不准。再说，自己的房子住着安心、舒心呀！不想住了，想离开北京了，把房子一卖，足够在外地换一套甚至几套大房子了！”

“Cherry呢，”理财师继续说道，“买房是你的理想。如果你能拿出首付，其实我也建议你购买。正所谓安居才能乐业。刚需房是必不可少的。

“但买房也要看实力，不能硬来。如果一套五环外的房子要400万，你却只能拿出10万、20万，是不是应该四处借钱来付首付呢？我个人认为，借钱额度不应超过自己5年内可预测的收入总额，否则财务状况很容易失控。”

接着，理财师又语重心长地说道：“我认为，要过得幸福，其实有没有房子、车子都不是关键，关键是要懂得随遇而安，懂得量力而为。

“如果买房会让自己生活质量严重下滑，会让自己变得很不开心，那么放一放，不买也罢。退一步讲，也不一定非得在北京安家呀，全国有很多不错的城市，房价要低很多，在那里安家也不错。

“如果非要留在北京，但又实在没有买房的能力，那么租一套好的房子居住也是不错的选择。把里面好好布置一番，生活也会很舒适。对于相中的房子，可以跟正规的中介公司签订长期租房协议。其实说到底，买房也有产权年限，相当于是长租。虽然我们的房子产权为70年，但有多少人真正能住满70年呢？如果一个人在自己买的房子里住上50年，像王琳那样的房子本息740万，算下来差不多一年得15万，这样的租金也挺高的了吧？而且这还不包括首付的利息损失呢！”

那日理财师的一席话，让我们再次认清了理财的本质。

理财，就是为了更好地生活。我们消费要理性，需要懂得算计钱财的得与失，但这些都只是小账。生活毕竟不是由一连串枯燥数字构成的，在那些进进出出的数字之外，还存在许多其他的东西。生活应该是有温度的，应该充满爱、欢愉和激情，而这些，并非非得买了房子才能得到，反而可能因为在买房的重压下失去。如果这样，那么宁可不买房。只要我们懂得合理安排钱财，懂得在生活中取悦自己，没有房子也照样可以活得很精彩！

◇ 年度收支大调查 ◇

生活是一面镜子，如果你用心观察它，就会从里面看到自己。

在“谁动了你的钱包”这一主题理财课上，我、Cherry、小倩和王琳分别从大家分享的案例中看到了自己的影子。

Cherry看到了自己的辛苦钱被换成一堆破烂衣服白白扔掉，她对过去存在消费“短视心理”很懊悔。小倩表示得回去劝劝亲戚们，希望能扭转彼此间相互攀比、随礼钱不断水涨船高的势头，使亲戚间形成简单来往、和睦相处的风气。王琳两手揉着太阳穴，若有所思——房子买都买了，一时想不出减轻房贷的招数，不过车贷嘛……她考虑，是不是要按理财师所说的暂时搬到单位附近住，然后想办法把爱车转手出去。而我，则为从前不学理财、马马虎虎过日子感到些许后悔。想起青春的尾巴就要溜走，自己还一事无成，接下来又面临育儿、教育、养老等众多生活压力，不免思考起来：我家的生活之“店”，该如何才能经营得更好呢？

第一次理财咨询，我们每个人都从中受益匪浅。

当然，看到自己在消费中的失误和错误，并非理财目的。理财的目的，是在看清问题后，用行动来避免这些失误和错误再次发生。

为使我们进一步看清钱财是怎么从钱包里溜走的，理财师给每个人发了一张“年度收支调查表”让我们回家好好回忆近一年中的各项主要开支，再进行填写。

第二次理财咨询时，我们把填好的表格交给了理财师。在征得大家同意后，理财师将每个人的“年度收支调查表”公布了出来。

下面，就是Cherry及其男友珉宇、王琳、小倩和我的“年度收支调查表”。

<table>
<tr><th colspan="5">个人（家庭）年度收支调查表</th></tr>
<tr><td colspan="5">姓名：Cherry　性别：女　婚姻状况：未婚　工作：中学教师</td></tr>
<tr><td>年收入总计（元）</td><td colspan="3">年支出总计8万元</td><td>节省空间（有/无）</td></tr>
<tr><td rowspan="5">12万</td><td rowspan="5">主要支出项（前5项）</td><td>①房租</td><td>2500元/月 ×12月=30000元</td><td>有</td></tr>
<tr><td>②吃饭</td><td>1500元/月 ×12月=18000元</td><td>有</td></tr>
<tr><td>③给父母、未来公婆买礼物</td><td>2500元/人 ×4人=10000元</td><td>有</td></tr>
<tr><td>④买衣服、包、化妆品</td><td>8000元</td><td>有</td></tr>
<tr><td>⑤火车票</td><td>5000元</td><td>有</td></tr>
</table>

Cherry和珉宇两人的财务目前尚处于独立状态，但Cherry觉得有必要帮珉宇也理一下财，所以多要了一张表格，帮珉宇也填写了一张调查表。情况如下：

<table>
<tr><th colspan="5">个人（家庭）年度收支调查表</th></tr>
<tr><td colspan="5">姓名：珉宇　性别：男　婚姻状况：未婚　工作：公务员</td></tr>
<tr><td>年收入总计（元）</td><td colspan="3">年支出总计8万元</td><td>节省空间（有/无）</td></tr>
<tr><td rowspan="5">8万</td><td rowspan="5">主要支出项（前5项）</td><td>①吃饭</td><td>2500元/月 ×12月=30000元</td><td>有</td></tr>
<tr><td>②房租</td><td>1500元/月 ×12月=18000元</td><td>有</td></tr>
<tr><td>③买古玩</td><td>5000元</td><td>有</td></tr>
<tr><td>④买衣服</td><td>2000元</td><td></td></tr>
<tr><td>⑤火车票</td><td>1000元</td><td>有</td></tr>
</table>

<table>
<tr><th colspan="5">个人（家庭）年度收支调查表</th></tr>
<tr><td colspan="5">姓名：王琳　性别：女　婚姻状况：未婚　工作：国企职工</td></tr>
<tr><td>年收入总计（元）</td><td colspan="3">年支出总计26万元</td><td>节省空间（有/无）</td></tr>
<tr><td rowspan="5">26.4万</td><td rowspan="5">主要支出项（前5项）</td><td>①房贷</td><td>12455元/月 ×12月=149460元</td><td>暂无</td></tr>
<tr><td>②租房</td><td>4500元/月 ×12月=54000元</td><td>无</td></tr>
<tr><td>③车贷</td><td>2965元/月 ×12月=35580元</td><td>有</td></tr>
<tr><td>④吃饭</td><td>6000元</td><td>有</td></tr>
<tr><td>⑤买衣服</td><td>5000元</td><td>无</td></tr>
</table>

<table>
<tr><th colspan="5">个人（家庭）年度收支调查表</th></tr>
<tr><td colspan="5">姓名：小倩　性别：女　婚姻状况：未婚　工作：外企职员</td></tr>
<tr><td>年收入总计（元）</td><td colspan="3">年支出总计9万元</td><td>节省空间（有/无）</td></tr>
<tr><td rowspan="5">10万</td><td rowspan="5">主要支出项（前5项）</td><td>①随礼、礼物</td><td>30000元</td><td>有</td></tr>
<tr><td>②请客、吃饭</td><td>2000元/月 ×12月=24000元</td><td>有</td></tr>
<tr><td>③买药、看病</td><td>15000元</td><td>有</td></tr>
<tr><td>④给父母的零花钱</td><td>1000元/月 ×12月=12000元</td><td>无</td></tr>
<tr><td>⑤买衣服</td><td>5000元</td><td>无</td></tr>
</table>

个人（家庭）年度收支调查表				
姓名：吴风　性别：女　婚姻状况：已婚　工作：自由职业				
年收入总计（元）	年支出总计=11万元			节省空间（是/否）
16万（加上子乔的收入）	主要支出项（前5项）	①吃饭	2000元/月×12月=24000元	有
		②房租	4000元/月×12月=48000元	暂时无
		③火车票	10000元	暂时无
		④给父母的钱	20000元	暂时无
		⑤通信费	250元/月×12月=3000元	有

从表格上可以一目了然地看出，不管是赚钱多的王琳，还是赚钱相对较少的小倩和Cherry，个个都是不折不扣的月光族，即便一年能有一些存款，也是少得可怜。可我们赚的钱，每年都不少于8万元，并不算低。

那么，我们都把钱花到哪里去了？

是否必须花这些钱？

有没有节省的空间？

这些，是每个人都应该好好思考的。

回到最初的问题：“谁动了你的钱包？”

对Cherry来说，她最大的开销为房租，接下来的每一项开销也都不小，似乎都比想象中支出得多。由此看来，她的钱财，有很大的节省空间。

王琳看着她的房贷和房租两项支出，有点傻眼。她之前只埋怨房贷高、租房贵，没想到把这两项支出加起来的数额是如此惊人。

小倩为辛苦一年得来的血汗钱差不多全花在了随礼、请客、吃饭上感到十分郁闷，不禁有些愤愤然。

我也开始思考，为什么我要放弃家里舒适的环境来这里飘荡奔波，换来的却是高昂的房租和我并不愿意承受的大笔交通费用。

是谁动了我们的钱包?

是我们自己。

是我们自己在白白浪费自己的钱财，拿着它去供养与我们毫不相识的“别人”。这些“别人”，是银行，是房东，是商店，是鲜花店，是酒店，是美容店，是旅行社，是地摊摊主，是卖无用小玩意儿的生意人……

之所以这么说，是因为当我们为某项消费支出钱财时，本可以不必花那么多，可我们却因为错误的消费观念，因为禁不住诱惑，因为失误的决策，因为懒得计较，因为不会理财，我们都在不同程度地浪费着自己的钱财，拿它白白供养别人。

这就是我们几个，也是很多人守不住财，不知不觉沦为月光族的原因。

亡羊补牢，为时未晚。

积累财富无非开源节流，而节流是最简单易行的理财方法。要想告别“月光”，应该从节流做起：找到你的钱财溜走的“漏洞”，并用行之有效的办法堵住它，你的钱包就会日渐丰盈。

◇ 你不理财，财就不理你 ◇

有些钱财如果你不理它，它也不会理你；而如果你愿意在理财上动动脑筋，并马上行动起来，就会立竿见影，得到意想不到的收获。

第一次理财咨询结束后，Cherry、小倩、王琳和我告别理财师，各自分头行动，认真践行起各自的理财计划。

在“年度收支调查表”的前5项主要支出中，尽管有一些花钱计划是无法马上改变或取消的（如房租，如果租期未满要搬走，可能要为此付出高额的违约金，这样就有些得不偿失），但对于那些弹性更大的日常支出项，我们是可以自由调节的。

于是，那些看似微不足道的日常支出项，就不约而同地成了我们“财务改革”下刀的地方——大胆砍掉生活中的不必要支出，堵上造成我们钱财损失的漏洞。这就是我们的理财计划的第一步：“节流计划”。

我在第一次理财咨询后，马上和子乔商量两人的“节流计划”。在仔细研究“年度收支调查表”后，我们发现两人每月的伙食费有些偏高。尽管每次外出就餐很少点贵菜，就算请客吃饭也不超过人均50元的消费水平，但由于外出就餐频繁，每月的外出就餐费基本都在1000元以上，一年下来就是1万多元，这对我们来说可是一笔不小的支出。

为此，我和子乔决定以后尽量在家做饭，有朋友来做客也以家宴招待。这样坚持了3个月，我们每月的伙食费从2000元成功降到了1000元。最令我开心的是，熟能生巧，我的厨艺进步很快，每次家宴都会得到朋友真诚的夸赞。

在节省伙食费上尝到甜头后，我和子乔有点兴奋，于是又抓紧时间，研究第二项省钱计划。这回，我们决定从通信费着手，争取把每月250元的通信费砍掉一半。

在理财咨询之前，我一直认为0.1元/分钟和0.2元/分钟的通信费差别不大，因此总是懒得为变更话费套餐这些事费神。后来，Cherry告诉我，她和珉宇天天打长途，一个月的通信费只需几十元；而我和子乔只在周末给父母打电话，一个月话费竟高达250元。

之所以会这样，就是我太小看0.1元和0.2元的差别了。

0.1元和0.2元差别是小，可累积1个月、1年，微小的差别就会造成巨大差异。想想毕业3年来，我如果对手机套餐早做变更，节省下来的话费买一款苹果手机都绰绰有余了，内心懊悔不迭。

在强大的“节流”欲促使下，我决定行动起来。于是，一个周末，我和子乔一起来到移动营业厅，把各种手机套餐都仔细研究了一番，用子乔的A卡开通了一个长途包月套餐，B卡开通了“好友计划”套餐（100元一年，几个经常联系的好友间可以相互免费拨打电话）；而把我的话费套餐由原先的20元月租改为了5元月租卡，平时只用来免费接听。

这么一变通，在不影响通话时间的基础上，原先250元一月的通信费立即降到了100元一月，一年累计能节省1800元。

下面是“节流计划”实施前后，我和子乔的家庭财务状况对比：

“节流计划”实施前后家庭财务状况对照					
实施前		实施后		每月节省	预计年节省
伙食费	2000元/月	伙食费	1000元/月	1000元	12000元
通信费	250元/月	通信费	100元/月	150元	1800元
总计（元）					13800元

当我的“节流计划”初见成效时，Cherry、小倩和王琳，也都各自行动着。

Cherry拿出她的铁腕风格，对生活中各项支出进行了大刀阔斧的“改革”，而且还通过软硬兼施的办法遥控指挥，成功说服远在哈尔滨的珉宇也加入她的理财计划。Cherry的“节流计划”，开始于摆脱对网购的迷恋，而且利用周末做了一些文字翻译的工作。这么一来，她每月收入增加了1000元。有了这些额外收入，Cherry对自己不再像以往那么吝啬，而是趁品牌店打折，痛痛快快“阔”了一回，下狠心花1000元给自己买了一整套春装。

“这下，可算有一套能穿得出门的像样衣服了。”Cherry满意地说。

3个月后，Cherry不但拥有了一套满意的衣服，还多攒了2000元额外收入——我想，这都是理财带给她的好处。

另外，为了节省房租，Cherry在2月份房租到期时换了一个更小的房间，月租金2000元。反正也是一个人住，稍微小点也不影响什么，每月节省出500元却是大有用途。

不过对Cherry来说，最大的成就还是说服珉宇当起了二房东。一开始，珉宇对此有些不太乐意，但尝到每月可以稳定进账700元的租金，还有人分摊网费、水电费并义务打扫公共空间的甜头后，珉宇喜欢上了自己二房东的角色。

经过Cherry的种种努力，她和珉宇的财务状况有了很大改善。下表是他们两个人3个月来的理财成果：

“节流计划”实施前后家庭财务状况对照					
实施前		实施后		每月节省	预计年节省或收益
房租（2人合计）	4000元/月	房租（2人合计）	2800元/月	1200元	14400元
伙食费（珉宇）	2500元/月	伙食费（珉宇）	1500元/月	1000元	12000元
买衣服（Cherry）	700元/月	买衣服（Cherry）	500元/月	200元	2400元
周末逛网店	收益为0	周末做兼职	收益1000元/月	1000元	12000元
总计（元）				3400元	40800元

小倩虽然在节省随礼、送礼这方面的支出上遇到了一点小麻烦——毕竟亲戚间大肆操办婚宴、寿宴、喜宴这种风气由来已久，不是一朝一夕说改就能改的，小倩也不好独自不随礼；不过，她自身的“节流计划”还是做得很不错。她不再像以前

那样大手大脚花钱了，必要的请客吃饭，她会选择一些“小而美”的餐厅；而对特别要好的朋友，则直接家宴招待，大家照样能畅饮欢谈。在穿衣打扮上，她也开始学习服饰与脸型、发型、身材及自身气质的搭配，并不时约朋友去折扣店淘衣服，而不再像过去那样需要衣服就直奔商场专柜，不管价钱多少拎起来就走。

王琳呢，虽然十分舍不得，但还是狠狠心、咬咬牙，把刚买不久的爱车转让出去了。幸运的是，买她车的是她的一位同事，不但以9折高价买下了王琳的爱车，还慷慨表示，王琳以后若要外出用车，她可以随时把车借给王琳使用。

“没车一身轻”的王琳激动万分，刚卖完车就马上在微信群里抒发了自己不可遏制的欣喜之情：“亲们，今天我的爱车终于找到好买家了！恭喜我吧！”

不管怎么说，坚持一段时间的“节流计划”后，我们每个人都小有成就，且都不同程度地丰盈了各自的钱包。当然，这还仅仅是理财的开始。

“你若不理财，财就不理你；你若愿意理财，则遍地是财，无财处也会生财。”

这就是我在理财实践中最初的体会。

3

CHAPTER

第三章

节流有道：教你告别月光族

理财的词典中，永远没有“最会理财”，只有“更会理财”。

理财的目的并非省钱，而是通过节流等方式，重新调整现有钱财的支配，使它变得更加合理，使眼下的生活过得更加富足、美好，又能兼顾未来，使我们老有所依。

◇ 我的钱包我做主 ◇

尽管我们几个在各自的“节流计划”中都小有成就，不过跟理财达人莫小白一比，简直是小巫见大巫。

莫小白是怎么管理钱包，不让钱财白白流失的呢？

她的秘诀是：做钱包的主人，使赚到的钱“活”起来，为我所用，并在使用钱财时，通过行之有效的“节流计划”，使每一分钱都花得恰到好处。

在很多人看来，需要花更多的钱才能使眼下的生活过得富足、美好，但要兼顾未来，使自己老有所依，就必须随处记得攒钱。有品质的生活和攒钱，就像鱼和熊掌，根本无法兼得。

那么，怎样才能做钱包的好主人呢？

理财第一经——会数会算会规划：先理一理钱包里现钱有多少，再算一算一年内可预计的收入有多少，最后再来做一做本年度的总体支出计划。

理财，有时候就需要这样的“前瞻”与“后顾”。

一、理一理钱包里现钱有多少（Money 1）。

一个人不了解自己的财务现状，好比牧羊人不清楚自己有多少羊，怎么可能不丢羊？如果连现有的钱财有多少都搞不清，“节流计划”根本无从谈起。

要知道“钱包里共有多少现钱”，就需要先理一理：

手头现有多少钱（money）？

外借（lend）的钱财有多少？

债务（debt）有多少？

理清这三个问题后，你现有的财务状况很快就可搞清了，它等于现钱+外借-债务，简约的表达就是：M1=m+l-d。

注：①手头现有的钱（money），包括截至目前，所有定期存款、活期存款、基金、股票和现金的总和；其中，基金和股票的价值应以目前的价值为准。

②债务（debt），包括向别人借来未偿还的钱、已产生但未偿还的信用卡欠款、银行贷款。

③外借（lend）的钱财，指借给别人，并在一定期限内有望得到偿还的钱财。

二、算一算一年内可预计的收入有多少（Money 2）。

上班族的基本收入一般分为工资、奖金、补贴几大块，收入稳定，基本是可预计的。

对收入不稳定的自由职业者、个体户来说，可结合往年的平均收入及通过对本年度的形势估计来核定可预计收入。

建议保守预计。如只有合作意向而未签订正式合同，则暂先勿把预期收益计算在“可预计收入”内；如签了合约，但双方尚未完全履行合同中规定的事项，则应以合同因故中断时应获得的最低赔付额进行计算。

现实中，签订合同但又违约或需临时变更合同的事常有发生，保守预估未来收益，有利于我们最大限度控制当下支出，是比较稳妥的理财办法。

三、做一做本年度的总体支出计划（Money 3）。

凡事“预则立”，拟定一个年度支出计划，有利于从整体上了解生活中的各项支出费用，并便于为每项支出拟出一个大框架，以免理财中出现拆东墙补西墙，看似处处省钱，实则因为各种意想不到的额外支出花掉了大把钱财的情况。

在完成如上三个步骤后，我们就可以大致看到自己短期内的总体财务框架了。

现有钱财=M1；

年度总收入=M2；

年度总支出=M3；

年度预存款=M2-M3；

截至年底的预计总财富=M1+M2-M3。

理财如登山，登高才能望远。提纲挈领理出要点，就能一目了然看清自己的财务现状，为做好钱包的主人做准备。

◇ 钱财有“节”才有“流” ◇

理清了自己的财务现状后，就要开始真正的“节流”行动了。在如何花钱、省钱这方面，相信每个人都有不同的“节流”之道，莫小白也总结了一套属于她自己的“节流”方法，共分为五个步骤，看起来略有些麻烦，操作起来却很简单，并且行之有效。

“节流”第一步：列出所有可能性支出，并做好归类。这可以帮助你更清晰细致地认识到生活中可能会产生的各项开支。对未来的各项可能性支出做到心中有数，就不至于一年节流下来会惊讶为什么要花那么多钱，或者对一年可支出钱财预算过高，减少了财富积累。

下表是莫小白的“本年度个人预计支出明细”：

与自己密切相关的支出		主要跟别人有关的支出	
1	房租、水电费	1	红白喜事随礼
2	伙食费	2	赠送好友礼物
3	购买服装、包的费用	3	每月给父母的生活费
4	购买化妆品的费用	4	过年、过节给父母买礼物的费用
5	通信费（手机费、网费）	5	过年回家看亲戚买礼物的费用

（续表）

与自己密切相关的支出		主要跟别人有关的支出	
6	交通费（回家路费、日常交通费）	6	请朋友吃饭、聚会的费用
7	旅游费（住宿费、交通费、门票、饮食）	7	预计需要外借的钱财
8	买零食等的零花钱		
9	看病、买药的费用		
10	娱乐费用（KTV、打球、看电影等）		
11	买书的钱		
12	添置电脑、手机、家具等大件消费品的费用		
13	应对未预计到的突发事件的费用		

节流第二步：以自己的可预计收入为参考，拟定本年度最低、最高预算。预算最好不要超过可预计收入总额的60%，但也不应压得太低。拟定一份年度支出预算，就是为自己接下来怎么花钱制定一套“行为规范”，只要认真执行，就可以避免产生额外开销，有利于积累更多钱财。

下表是莫小白的“本年度各项支出预算明细”：

与自身有关的各项支出		最低预算（元/年）	最高预算（元/年）	与自身无关的各项支出		最低预算（元/年）	最高预算（元/年）
1	房租、水电费	18000	36000	1	红白喜事随礼钱	0	2000
2	伙食费	7200	15000	2	为赠送好友礼物所花的钱	100	500
3	购买服装、包的费用	2000	5000	3	每月给父母的生活费	2400	6000

（续表）

	与自身有关的各项支出	最低预算（元/年）	最高预算（元/年）		与自身无关的各项支出	最低预算（元/年）	最高预算（元/年）
4	购买化妆品的费用	1000	2000	4	过年、过节给父母买礼物的费用	500	1000
5	通信费（手机费、网费）	600	1000	5	过年回家看亲戚买礼物的费用	500	1000
6	交通费（回家路费、日常交通费）	1000	2000	6	请朋友吃饭、聚会的费用	1000	2000
7	旅游费（住宿费、交通费、门票、饮食）	2000	5000	7	预计需要外借的钱	0	5000
8	买零食等的零花钱	2400	3000				
9	看病、买药的费用	0	2000				
10	各项娱乐开销（KTV唱歌、打球、看电影等）	0	500				
11	买书的钱	100	200				
12	购买大件家具或电子产品的钱（电脑、手机、豆浆机等）	0	2000				
13	应对未预计到的突发事件的费用	1000	5000				

莫小白的年度最低预算为39800元，最高预算为96200元，而她的预计年度收入为15万元~20万元（10万元是基本工资；5万元是绩效工资，肯定能拿到手；剩下的5万元为浮动奖金，根据业绩好坏上下浮动）。

莫小白的最低预算远远低于可预计收入15万元的60%。她尽可能地将预算控制在最低水准，但有时得了一笔超额收入后，她也会额外奖励自己，但对自己的奖励，也严格控制在最高预算的计划之内。当然，疾病和突发事件是不可预料的，真要摊上什么事，她也躲不起，正因如此，她花1000元为自己购买了意外险和重大疾病商业保险，以尽可能避免因病返贫的不幸发生。

对莫小白来说，她为自己设定的各项“最高支出预算”，一年内全部发生的概率极低，也就是说，一年96200元的最高支出预算，只是作为一套应急方案而存在，它的目的在于做好准备，即便发生了这种情况至少也有能力去应对，不至于措手不及，但这笔钱到最后往往用得不多。

节流第三步：准备A、B两张储蓄卡，在A卡中按最低预算存入本年度所需的各项开支总和，在B卡中存入本年度最高预算与最低预算之间的差额。

年初时，莫小白在A卡中存入的金额为39800元，在B卡中存入的金额为56400元。

A卡是一年内执行“节流计划”的标准卡，它表示本年度最低需要产生的支出，是支出下限。

有些人账面收入很高，因此总幻想到年底能存多少钱，可到了年底，实际攒下的钱财却远非自己预想的那么多，从而对辛苦了一年的“节流计划”产生了怀疑。另外有一些人，本来随着收入提高，在住房、伙食、旅游等方面的消费理应有所改善，可因为一心念着攒钱，舍不得租好点的房子，舍不得花钱旅游，也舍不得吃好穿好，成了不懂得善待自己的“守财奴”。

有了A卡，可以让人看到一年中的最低限度消费，不至于预想与实际落差太大，对“节流计划”失去信心，也不至于因为过于迫切渴望攒钱，一味压榨自己，结果生活质量越来越差。

B卡作为A卡的储备卡，它为消费提供了一个弹性空间，同时也是支出的一个上限。B卡的存在，可以为执行“节流计划”时忍受不了“苛刻条件”的初级理财者提供一个缓冲空间，另外也可用于应对生活中不可预料的突发性支出。不过，在使用B卡时一定要严格控制消费冲动，使每一项支出保持在B卡的上限之内；否则，理财就会成为一句空谈。

节流第四步：准备一个记账本，将每一项预算平均到月，定期查看账本，比较预算和实际支出，以此来督促自己更好地执行“节流计划”。

A卡与B卡结合使用，并通过记账作及时反馈，这使得“节流计划”既有底线的保障，又受上限的控制，约束与弹性并存，非常适合“由奢入俭难”的初级理财者。

节流第五步：及时“冻结”理财成果，防止积累的财产在无形中流失。

在使用A卡和B卡时，需要注意两点。

A卡中的钱随时需要支出，但有一部分钱是暂时不动的，如下一季度或半年后的房租、日常生活费等，这部分钱可按三个月或半年存定期。尽管钱不多，但也不该白白损失几百元的利息收入。

B卡作为A卡的储备卡，它的存在是为起“以防万一”的作用。通常，B卡上的钱应该尽量少支取，而且一定要专款专用，即每一项预算只用在对应支出项上。节省下来的钱财，要及时转存为定期进行“冻结”。如，本年度对房租的最高预算为24000元，而实际找到的房子只需要18000元房租，则应把节省下来的6000元存为定期，或划入别的储蓄性理财项目“冻结”起来。这样的“冻结”，建议每月或每季度进行一次，可以有效防止款项被挪用。

有了如上五个步骤的“节流”方法，再加上一份理财的决心与愿望，想要成为莫小白这样的理财达人，完全不是难事儿。

◇ 把无用奢侈品扫地出门 ◇

理财达人莫小白不但对“节流”的要领了然于心，还拥有不少别出心裁的理财小诀窍。她通过多年实践经验总结出的“节流窍门”，对真正想要短时间内看到效果的理财者来说，无疑是非常实用的，可以快速见效。这些小窍门，可以让你的“节流计划”执行起来事半功倍，轻轻松松。

“把无用奢侈品扫地出门”，就是莫小白这几年总结出的“独门节流秘籍”之一。

什么是“把无用奢侈品扫地出门”呢?

要把奢侈品扫地出门，我们得了解什么是“无用奢侈品”。

很多人一听到“奢侈品”三个字，脑子里首先蹦出的就是“它肯定很贵”。

真是这样吗?

错。

我们讲的“奢侈品”，并不是价值连城的宝玉、钻石之类的东西，也不是上万的腕表和包包，而是我们完全买得起，却根本用不上的东西。在生活中，它们是多余的，是有害的，不仅耗费了我们不少钱财，还会挤占我们的生活空间。

如果一间40平方米的房子足够你用，那么一套80平方米的房子就是奢侈品；如果你平时经常换穿的衣服就三五套，那么其余被闲置的、一年也想不起来穿一次的就是奢侈品；如果你的工作与生活中很少需要开车，你的车绝大部分时间都停在车库里，那它也是一件奢侈品……

我们的生活中，充斥着各种各样的奢侈品。

有些奢侈品是不必要的装饰，有些是为了满足主人的虚荣心，有些是为了追赶时髦和潮流，有些则纯粹是因为一时冲动做出的错误决定。

不管这些奢侈品具体是什么，它们都或多或少地给我们造成了钱财上的浪费。

仔细看看你的家，你的房间，你能说每一件东西对你来说都是必需的，都是有用的吗？

为什么你拼命赚钱，攒下的钱却那么少？

因为你的钱财，有很多被这些奢侈品消耗了。

更要命的是，这些奢侈品会抢占你的地盘。当它们越积越多时，你会抓狂，然后对自己说："怎么办？这里已经放不下它们了，房子太小了，我需要一个更大的房子。"

你是否也曾因为屋子里东西太多、空间太逼仄而考虑换大房子呢？

你是否想过，真正的原因到底是房子太小，还是你屋子里无用的东西太多，很多空间被挤占了呢？

在毕业最初的几年里，我每次搬家最大的感触就是："哇！家里怎么会有这么多的东西？"

那些东西，我已记不清是什么时候买的，甚至早已不记得它们的存在了。它们中有很多东西，都是一时冲动就买了，买回家之后就丢在某个地方，再也想不起来，直到下一次搬家，把它们从犄角旮旯里翻找出来，然后统统塞进垃圾袋，拿去丢掉。

奢侈品就是这样，它们消耗你的钱财，还侵占你的地盘，甚至还可能诱导你为了它们准备一所更大的房子——这在旁人看来简直太疯狂！可旁观者清，当局者迷，很多人都意识不到自己的生活已被奢侈品占满。

请清点一下你的奢侈品吧！看看你所拥有的各色物件中，有哪些是超过一年没用，而且很可能再也不会用到的东西，再计算一下当初购买它们的价格，你将会明白你为你的奢侈品付出了多少代价。

要想告别“月光”，“节流计划”的第一步就是要找出这些无用的奢侈品，并将它们扫地出门。记住，生活中，任何非必需的东西，都是奢侈品。

只要在每次消费之前，你都能认真问一问自己：“它是必需的吗？买它真有这么紧迫或必要吗？”我想，你就不会再那么容易被形形色色的奢侈品所诱惑。你的“节流计划”也就成功了一半。

◇ 会DIY，生活垃圾变黄金 ◇

在每个人的生活空间里，都会有不少生活废品。对此，大多数人的反应是扔掉它们，或者廉价卖掉。不过，身为“小富婆”的莫小白从来不这么做。她拥有一双魔法师的手，总是能将很多看似毫无用处的废物变成别人想都想不到的东西。

也许，正是这种变废为宝，变“垃圾”为“黄金”的本领，使得莫小白节省了很多钱财，并得以领先同龄人吧。

那么，莫小白的双手究竟有些什么魔力呢？看一看她的大作，你就心知肚明了。

废旧衣物变身超酷收纳袋。

女人天生爱美，每到换季的时候，谁不会从衣橱里整理出一些废旧衣服呢？这些废旧衣服，犹如鸡肋，扔了可惜，但又不可能再穿，怎么办呢？除了把一些尚好的干净旧衣服捐给需要它们的贫困人群，我认为最好的利用，就是像莫小白一样，把它们作为方便又廉价的布艺原料，做一些收纳袋、坐垫等有用的小东西。

莫小白拥有一双巧手，一有空就喜欢翻箱倒柜找旧衣服，然后把看起来还蛮不错的旧衣服积攒起来，找机会捐赠给贫困山区有这方面需要的学生；那些破损的或不能再穿的衣服，她会依据衣服的布料、颜色、质地等，分别做成颇具个性的收纳袋、坐垫套、布艺樱花小装饰；最没用的布料，或剪下的边边角角，则用来做坐垫芯、抹布或拖把。

这样，不但旧衣服有了新归宿，没被白白浪费掉，而且莫小白也因此节省了不少钱。

废弃酒瓶变身唯美花瓶。

莫小白喜欢养花，她家屋子里，有许多奇形怪状的漂亮花瓶，这些也都是她的DIY作品。摆放在阳台上的那一排花瓶，是用啤酒瓶制作的；立于桌上的一个七彩花瓶，是用绿色沐浴露瓶改造的；而挂在墙角的一个极具个性的吊篮花盆，细看后发现，竟是一只废弃的棕色皮鞋！

这些个性花瓶和鲜花、绿叶组合在一起，使小白租住的这套小房子显得十分温馨，同时又时时透露出浓浓的生活情调。

在莫小白家，像这样由废变宝的事物还真不少。莫小白变废为宝的奥秘，除了她的一双巧手和琢磨、捣鼓小物件的爱好外，更重要的，还是她具有一颗善于发现的心。

因此，在丢弃一些东西之前，先想想它们还有没有什么用途、有没有改造的余地。巧妙利用废旧物品，是一种很好的省钱之道，同时还会让你成为生活的魔法师，打造出一片与众不同的生活空间。

◇ 经典淘衣经 ◇

对女孩子来说，除了吃住，生活中最花钱的地方，莫过于穿衣打扮。

爱美是好事，但为了追求美而不惜消耗过多的金钱，就完全没有必要。美不美与付出的金钱多少无关。如果你会淘、会搭，完全可以少花钱，却使自己穿得漂漂亮亮、体体面面。

莫小白总结了如下几点“淘衣经”。

季末淘

莫小白经过多年的观察发现，每年的2月、5月、8月、11

月，往往是冬装、春装、夏装和秋装打折力度最大、促销活动最多的月份。这是因为这些月份都处在季末，人们穿衣随季而变，商家们也必须紧随消费者步伐，在新款上市前赶紧甩卖过季的商品，否则囤积下来的商品就要变成尾货放进仓库，变得一文不值。为此，在“季末大促销”活动上，很多服装的售价折扣低而又低，甚至低至一折起，旺季售价好几百的衣服，季末促销时才卖几十元。

所以对于想要省钱的女孩子来说，“季末淘”是十分难得的购衣好时机。趁一个季节的余热快要过去，而下一季度尚未到来，和伙伴们一起去商场、名牌专卖店逛一逛，要淘到物美价廉的衣服并不难。

反季淘

夏卖冬衣、冬卖夏装的反季促销，也是最常见的促销方式之一。毕竟，羽绒服生产商也要过夏，凉鞋生产商也要过冬。反季促销，对商家来说是薄利多销，对消费者来说则是低价购入的好时机——平时售价上千元的名牌羽绒服，到了夏季售价才几百元，夏天热卖的好几百的漂亮裙子，冬季时的售价也许才几十元，岂能不令人心动？

对会过日子的人来说，心动不如行动，如果碰巧你正好需要，此时不买以后也得买，那就不要犹豫，趁反季促销的机会，来一次彻底的“反季淘”吧。没有比这更省钱的“节流”办法了。

特价淘

在莫小白的“理财经”中，有一条很重要，叫作“特价经”。

莫小白对几乎所有的特价产品都情有独钟，尤其喜欢淘购折扣50%以下的超特价商品。这些特价商品，有时是商家为推广新产品而做的特价活动，有时是因为断码、断号或过季尾货，有的则是受污或受损的瑕疵产品……莫小白才不管什么原因，只要值，她就会抓住机会果断买下。断码断号的买来后送给尺码合适的人，受污的自己洗洗就干净了，受损的自己缝两针就好了，有什么要紧？只要善于利用，即便是瑕疵品，也会物超所值。

淘二手货

有些人对二手货抱有成见，总觉得用别人用过的东西心里有些怪怪的，难以接受。莫小白可从不这样想。在她看来，除去贴身使用的物品之外，使用二手货并没有什么不妥。莫小白十分热衷于淘二手货，也喜欢把自己用过的一些物品放到网络上的二手货交易平台出售。多年前那次平安夜聚会，我们曾对莫小白的LV包羡慕不已。后来才知道，那包原来是她从二手包专卖店租来的。想想也是，一个LV女包动辄几万元，这么会过日子的莫小白怎么可能为一个包一掷千金呢？不过，租包的价格就便宜多了。虽是二手包，但保养良好，常用常新，如果不想用了，还可以另租一款。何乐而不为呢。

整体淘

在淘衣服时，只图便宜也是不行的。如果在购买时缺乏整体概念，看到什么便宜买什么，结果很可能发现最后买回家的东西根本无法搭配起来一起穿。这种情况，在生活中时有发生。我就有一次趁商场促销，兴高采烈淘了上衣、裙子、鞋子一大堆。回家后一试穿，才发现上衣、裙子和鞋子的颜色、款式根本不搭，但我的衣柜中也找不出合适的衣服与之相配。无奈之下，我只得又另外花钱，陆续买了几件能与之相配的衣服。这才有机会穿着这些衣服出门。

但为了搭配这些衣服，我着实多花了好几倍的钱，也浪费了不少时间。

因此，为了省时省钱，在购衣、淘衣时，养成整体淘的习惯十分重要。买一件衣服前，最好想想有没有现成的衣服、鞋袜与之搭配；若没有，则最好考虑一下是否有必要为它配齐一整套。如果没有必要，那么为一次消费引发更多后续消费，则无疑是一种浪费。

◇ 搭出不同时尚美 ◇

女人会淘衣，还要会穿衣，这样才能既穿出经济，又穿出品位。

说起会穿衣，我不禁想起之前身边有几个朋友说：“只要有钱，想买什么就能买到什么，还怕穿不好看？姐差的就是钱。”

果真如此吗？

后来，这些朋友中有几个慢慢有钱了，她们也总逛品牌服装店，穿的全是自己想买想穿的衣服，可并没有穿出预想的那种品位与效果。

一个真正会穿衣的女人，往往不会执着于穿名牌。穿出个性，穿出独属于自己的气质，这才是她真正追求的方向。

莫小白比较小资，她喜欢与众不同，衣服不必昂贵，却每件自有风格，尤其加上会穿会搭，一件看似平淡无奇的衣服，穿在她身上总能令人赏心悦目。

对于如何搭配，莫小白的穿衣经是：

第一，千万不要犯忌。例如，身材肥胖者忌穿横条花色服，花上衣忌搭花裙子，肤色较黑者最好避开绿色、粉红等色彩鲜丽的衣服，等等。如果不懂穿衣忌讳，乱搭、错搭，则很可能穿错衣，甚至出洋相。

第二，找对自己的风格，不要盲目模仿，就可以穿出自己的气质和风格。相信不少人有过这样的体验，一套衣服穿在模特身上超显气质，而换到自己身上却黯然失色。为什么会这样？是气质输给了模特吗？非也。是每件衣服都有它适合的脸型、身材、肤色和个性，气质酷酷的人硬套淑女装，温婉甜美的人非要穿豪放粗犷的风格，衣服就会变成一张不搭的皮，很难与你的身体融为一体。

第三，穿衣没有“一定要”或“一定不能”，只要不犯忌，想怎么穿就怎么穿。穿衣要大胆，大胆搭配，才能穿出属于自己的精彩。一味墨守成规，不敢尝试，那么，你就会局限在过去的风格里，很难有机会突破自己，超越自己。

穿衣搭配的讲究与门道有很多，不同的人都有不同的适用法则。

莫小白的穿衣经，很多都来自时尚杂志、网络及服装搭配书籍，来自生活大课堂，通过观察身边形形色色的人，从旁人身上学习穿衣。

“穿衣经”是学出来的，有时也是试错试出来的。不管怎样，只要你留意，注意搭配，穿衣技巧总会不断提高，穿出经济的同时，还能秀出自己的风格与精彩。

◇ 穷也要安居 ◇

在北京这样的大城市，很多人买不起房，想租一套像样的房子住也不容易。不过，如果我告诉你，莫小白一个人租了一套60平方米的简约地中海风格装修的小两居，并且在这里租了5年，每月租金才从1500元涨到了2000元，你肯定会吃惊。

想想夏风和彦小妮的经历，北漂难道不都得经历一番这样的辛酸吗?

谁说的?只要你如莫小白一般会租，就可以不但花钱少，而且住得像模像样，舒心、舒适。

对于没多少钱的普通租房族小白领来说，“会租”，首要的一条就是会省钱。要想省钱，就要会找房。莫小白找房的诀窍是:选择离地铁站、公交车站等有一段距离的小区，想办法从房东手中直租，最好整租。

之所以选择离公共交通站点有一段距离的小区，是因地铁站、公交车站附近的小区房租通常很贵，而选择步行20分钟或骑自行车很快可以到达的小区，价格会相对便宜，同时也不影响交通便利。

从房东那里直租，是因为房东一般有更多商量的余地，没有中介费，方便砍价，对交房租的期限也比较宽松，也舍得为自己的房子配置质量不错的家具、电器。但中介则不会这样。

不过，如果实在找不到房东，只得找中介，则最好找业内知名的大中介公司，因为大公司一般管理更规范，而且更注重品牌声誉，至少不会违法违规；而一些不规范的小中介公司，往往可能存在陷阱。

另外，整租往往比分开合租划算。整租一套6000元的三居室，然后再分别以2000元、2500元的价格把两个次卧租出去没什么问题，而这时，你自己可以花1500元的价格享受到主卧，不是很划算吗？而如果你单独去寻找一套三居室中的主卧，目前的市价往往在2500元以上。

当然，人生“衣食住行”四件大事，住排第三。住要省钱，但住得舒服其实更重要。要想住得舒适，就要会看房。莫小白看房的诀窍是：

掐头去尾看中间，

夕照隔断皆免谈。

闹中取静图便利，

安全始终最关键。

“掐头去尾”，指的是看房时不看一楼，不看顶楼。

一楼潮湿，夏季小虫多，还是下水道汇集地，容易臭，而且门窗低，也不是太安全。顶楼易漏，冬冷夏热，上下楼梯也不是很方便。因此，租房时挑选中间楼层，相对比较合适。

“夕照隔断皆免谈”，是指看房时，南北通透的格局是首选，朝东次之，朝西的位置最差，冬冷夏热，尤其是夏季一泻千里的夕照，会直逼得你无处可躲。而隔断间，也是非常不可取的，你在屋子里的一点小小响动，隔壁都听得一清二楚，还有什么个人隐私可言。

至于“闹中取静”，是指小区所在附近要交通、购物便利，最好超市、粮油市场、邮局、银行、商场都一应俱全，而且要有人气，这样生活起来方便又安全；住房不要临街，这样才能环境幽雅、安静，但也不可太偏僻，尤其对女孩子来说，住得太偏也不安全。

而房子的安全涉及方方面面：违章建筑不要住，偏僻之地不要住，入住率极低的新楼盘最好不要住，老旧小区待拆迁的房子不要住，另外还要考虑房子所在小区居民的整体素质，门窗安全程度，家电、煤气管道、水管和电线线路是否老化等。如果不安全，宁可花更高价钱住别处；因为一旦出事，你即使想花钱挽回也来不及了。

另外，很多人之所以急于买房，不愿意租房，是因为租房不稳定：遇上合不来的邻居要搬，房价涨了要搬，房东决定将房子另作他用时要搬。而这些因素，很多都不是自己可以控制的。

租房的确存在上述这些问题。但如果在租房时能考虑周全，把是否适合长期居住也考虑在内，则可以最大限度避免类似事件发生。比如，租房时，最好租有两套房子以上的房东的房，或者是单位作为住房福利分配给房东的房，这样的房子不容易被另作他用，房东自己也不太可能回来住，比较能长久住；再比如，看房子同时也要看邻居，与安静、自觉、和气的邻居同住一个屋檐下，通常可以和睦相处；又比如，买房要买升值快的，但租房一定要租升值慢的地段。如果有人告诉你："这里现在租价低，过半年或一年通了地铁，什么基础设施都建好了，还不快租？"除非对方答应长租，否则最好别租。因为果如其言，过了一年半载房租飞涨，你如果承担不起，只能又一次面临搬家。

怎么租到便宜、舒适又能久住的房子，要考虑的因素其实蛮多，它不但考验一个人的理财智慧，还考验一个人的生活经验。莫小白能花如此低价租到如此好房，是因为她把自己所知的生活经验和理财智慧发挥到了极致。如上所述的每一条，她在租房时几乎都应用到了。

在一个闹中取静，虽无地铁，但骑车10分钟可以到达地铁站的安静小区，从一个定居国外、非常好说话，并把房子委托亲戚看管的房东手里，以年付的方式，用30000元一年的价格，一下签了3年租房合约，并专门花一个月时间找到了一个赚钱不少，但需要长期出差的女孩，把小两居中的次卧，以每月1500元的价格转租给了她，自己当起了二房东——这就是莫小白为什么每月只花1000多元，就可以独享一整套房子，且一直在那里住了五年，直到自己买房的秘密。

也许，这除了需要一点点理财的窍门，一点点好运气之外，还需要一点点长远的眼光和不怕折腾的魄力吧！

◇ 砍价绝技和禁忌 ◇

砍价是一门功夫，也是衡量一个人会不会过日子的标杆。尤其在购买大件商品上，如果懂得砍价，绝对是另外一种方式的增收。

莫小白有着轻易不出手，出手必得手的砍价功力。凭着她一张巧嘴，她总能低价买好货，同样的东西、同样的价钱，她也总能说服老板买一赠三，多得好几件赠品。可谓占尽实惠。

这一切，其实都归功于她那了得的砍价功。

当然，并非人人都会砍价。有些人砍不下价，有时还招一通骂，这种事也不足为奇。要像莫小白一样狠狠砍价，而且每次说得老板满心欢喜把东西卖给她，的确需要绝技。

莫小白的砍价要诀可以总结为八点。

第一，砍价要心中有底。

什么是心中有底？

底就是底价。对于一件商品，你自认为值这么多钱，花了钱不会觉得买亏。底价很重要，它可以使你比较合理、理性地来评判一件商品的价值，不至于砍价没谱、砍价砍得太低遭人骂，也不至于心里没底，被人蒙骗了还不知情。

第二，照着比底价略低一点的价格砍。

买卖就是这样，买家希望价格低于预期买，卖家希望价格高于预期卖。很少有谁能爽快到对方出多少价就马上成交。最终成交的价格，往往是买卖双方一抬、一砍，经过斗智斗勇一番拉锯战后相互达成的结果。因此，砍价时你要给自己留一点余地，先出一个略低于底价的价格，然后再往上抬一抬，以便显出你的让步，从而促使卖家更乐意把东西卖给你。

第三，欲擒故纵，即使至爱也不动声色。

买卖拉锯战中谁最终能获胜，有时靠的是心理战。明明商品就值这个价钱，卖方见你真心喜欢，会故意守住价格阵地，不做出让步。这时，你越求他，他越发一分不让。因此，遇到心仪的商品但觉价格太贵时，最好不动声色，说价格太高，然后做出一副略带遗憾转身离开的样子。这时，商家如果有心卖给你商品，一般会主动叫住你，然后做出价格让步促成这笔买卖。

第四，软磨硬泡，多说赞美、甜蜜的话。

人心都是肉长的，买卖有时不但是钱的交易，更是一种人与人之间的交流。在买东西时，明明是看上了老板的商品，你却夸赞老板长得漂亮、有气质，和气、会做生意，老板自然心里喜悦，哪怕少赚几块钱，也乐意把东西卖给你。

第五，帮忙推销，与卖家站在一条线上。

如果店里正好有其他顾客进来，多夸赞店家与商品，顺便也不妨帮忙推销。这样，卖家会对你产生好感，你们之间的关系会变得更加亲近，你买的商品，他自然可以给你更优惠些。

第六，价格便宜不了，可以要求送一些小东西。

尤其在专卖店，很多商品的价格是看店的店员做不了主的。这时，你可以要求店家多送一些他们搞活动时的赠品，或一些别的不太值钱但有用的东西。这些毕竟也是一种优惠。

第七，特别喜欢的商品，要当机立断买下。

有时，如果出价太低，或商品本身十分畅销，完全不乏顾客，那么卖家自然不愿让价给你。这时，遇上你确实心仪的商品，而卖价也只高出你的预期一点点，就请果断买下。因为几块钱而失去一件钟爱的物品，我想很多人会后悔。

不过，砍价中也有一些忌讳，要是犯了忌，那么成交就会失败，很可能还会伤和气。

忌讳一：千万不要挑商品的毛病，企图达到砍价的目的。没有人愿意别人说自己的东西不好，设身处地替卖家想一想，把你放在对方的位置，你也许也会不愿意卖。

忌讳二：千万不要在人多的时候狂砍价。你一下子砍价太狠，要是老板答应成交，别人的生意就不好做了。因此，顾客多时，不要大声砍价，可以等他们走了之后再继续砍。

忌讳三：千万不要心里没底线，胡乱砍价。砍价也得有一个底线，至少得相对比较合理。一件价值一千元的商品你出价五十，相信脾气再好的人也会气炸肺。

忌讳四：不是确定要买的东西，不要轻易就砍价。换位思考一下，如果你是卖家，顾客跟你砍了半天价，当你决定降价卖给他时，他又以各种理由说不要了，你会不动怒吗？

◇ 珍惜“免费午餐” ◇

俗话说：“天下没有免费的午餐。”不过，现实生活中商家们为了吸引顾客却常常会搞一些免费试吃试用的优惠活动。这时，节约一族不妨抓住机会，吃一顿免费的午餐。

饕餮霸王餐。

如果你有时间，不妨动动手指头，在大众点评、爱饭网等网站推出免费试吃活动时报个名，这样就有机会吃到“霸王餐”了。莫小白就通过这种方式吃了多次“霸王餐”，小龙虾、大闸蟹、港式甜点、意式咖啡……丰富的体验活动让她占尽了免费试吃的便宜。美美饱餐一顿后，“咔嚓咔嚓”拍几张照片并配上一些评论晒到网上，就算是付报酬了。对热衷于追求味蕾刺激的人来说，免费试吃，难道不正是莫大的福利?

大牌化妆品免费用。

有不少化妆品店，会在实体体验店、网络专卖店等处推出新品限量免费派发活动。如果恰逢有合适你的化妆品在做活动，不妨花一点时间，领取一些免费化妆品来试用。虽然试用装一般都容量很小，但要是买起来，价值少说也在几十元。要是你信息灵通，总能领到适合自己的免费化妆品，那么一年下来，你在化妆品这一项上的支出也能节省不少费用。

大牌理发店发型免费做。

“发模”，是一种不赚钱但可捡便宜的临时职业。有很多大牌理发店，如Toni&Guy，会时不时贴出招聘发模的广告。如果你恰好想换一种发型，那就赶快报名吧。不花钱却能在大牌理发店换一款出自顶尖理发师之手的发型，绝对是件可遇而不可求的人间美事。

无限好书免费看。

读万卷书，行万里路。读书能使人开阔眼界、提升思想。平时多读书，就不会“书到用时方恨少”，可在重重生活压力面前，读书竟变成了一件奢侈的事儿。“吃饭、住房都压力重重，谁有闲钱来买书！”有人这样说。

不买书就没法读书了吗？当然不是。其实，阅读是世界上最廉价但让人受益无穷的消费。图书馆、网上阅读小程序或软件、朋友的书，哪里没有书呢？买不起书，就借书、蹭书看；买不起新书，就买旧书看。书虽旧，但书中的思想永远不会过时。

世上有如此之多的免费好书，怎能说读不到书呢？

包吃、包住、包门票的免费旅游。

包吃、包住、包门票？免费旅游？

对！不要惊讶，这不是开玩笑，也不是骗人，如果你愿意多留意一些旅游网，并积极参加网络上推出的相关活动，就有机会获得免费畅游的机会。莫小白曾在一个旅游网站上参加了一项问答测试后的免费抽奖活动，结果很幸运抽到了免费西藏游的大奖，好吃好住畅游西藏10天，自己却没花一分钱。

零元住五星级豪华酒店。

有一种商业模式叫“资源置换”，不论是B to B，还是B to C，只要你能提供我想要的，我就提供你想要的。这种模式被广泛应用在酒店推广活动中。为吸引顾客、提高信誉度、扩大宣传效果，不少酒店会对媒体人、网络红人、协助推广人等特定人群推出免费试住活动。媒体人可以通过为酒店写推广文案获得免费入住机会；普通顾客可以通过介绍好友订房、论坛发帖等方式来赢得免费入住的机会。此外，还有一些订机票送酒店免费入住体验、玩网游赢免费住酒店、刷信用卡获得免费住店机会等活动。不论何种形式，只要你善于把握时机，就有可能实现零元入住豪华酒店，享受优质的吃住待遇。

其实，生活中有很多省钱之道。即使你无缘亿万大奖，至少身边还有许多小份的免费午餐等你去享用。

◇ 爱“拼”才会“盈” ◇

要省钱，还有一种简单又便捷的方式，那就是当“拼客”。

只要你愿意想办法，愿意找搭档，拼吃、拼穿、拼戴、拼车、拼读、拼玩……多种多样的“拼”供你选择。

如果上班太远，又嫌打车太贵。那就拼车吧！同住一个小区又要往一个方向去的，总有同路人。找到他们，大伙儿一起出钱搭车，既大大方便了出行，又充分节省了钱财。

很多商家会推出满额赠返券活动。可有时参加这类活动，也会遇到一些困扰。比如，你买了想要的商品后再得到返券，如果短期内没有继续消费的需求了，这些返券很可能用不上，拿在手里就是浪费；而如果你暂时还未购买商品，你又不可能获得这些返券来享受优惠。怎么办呢？

那就“拼券”吧。如果你手中有多余的返券，可以推销给那些需要用到优惠券的人，将返券打折卖给他们；而如果你想购买一件可以用返券抵现的商品，则可以跟手里拿着返券的人协商，花较低的价格买下别人不需要的优惠券。这样，你得了便宜，别人也赚到了实惠。何乐而不为呢。对于这一点，我曾亲自试验过，经验表明，人们很愿意进行这样的返券交易。

此外，拼吃也是一种时尚。如果你已对某家餐厅的美食垂涎已久，只是苦于囊中羞涩，就集结一帮“志同道合”的吃货朋友拼吃一回吧。出一个菜的价钱，品尝一桌美食，有什么消费比拼吃还过瘾?

当然，你还可以拼购。如果商场正在搞“单品八五折”，“满5000元再享直减1000元的折上加折”优惠促销活动，你可以拉拢一帮认识的不认识的同样在这家商场购买衣服的姐妹，商量好大家一起来结账，然后依据各自购买的商品金额来筹钱，这样可以充分享受商家的促销优惠。

总之，不管拼什么，怎么拼，如今这个社会，共享成为一种时尚，爱拼就会赢。我们赢的，不但是节省的钱财，而且还会有分享、合作带来的喜悦。

◇ 额外账单漏洞怎么补 ◇

在莫小白的理财经中，还有一条是“创收支付额外账单”。这是因为不管你多么会精打细算，生活中难免会出现计划赶不上变化的突发情况。比如手机坏了，电脑坏了，突然生了一场大病……

虽然能节省的地方要节省，但该花的钱也得花。

那么，因为这些突发情况造成的预算外消费该怎么处理呢？如果置之不理，认为花了就花了，而不采取补救措施，理财就会变成拆东墙补西墙，一边在节流，而另一边钱财却以一些合理的名目哗哗流走，所谓“节流计划”也就变成了一个形式上的空架子，什么钱也攒不下。

有一句话叫“兵来将挡，水来土掩”。理财这几年来，我还是觉得莫小白的“创收支付额外账单”这个办法最好。一来，它可以使我们灵活应对突发情况；二来，又能及时弥补上计划外消费产生的漏洞，完全不会影响“节流计划”的持续进行。

说起额外创收，其实办法有很多，就看你愿不愿意去做。不过，在选择创收方式上，每个人最好根据自己的实际情况，如自己的喜好、兴趣和专长，并结合自己的时间、精力和长远的人生规划，来选择最适合自己的创收方式。

最简单的创收办法，就是做兼职。对于需要固定坐班、平时工作忙的人，最好选择“短平快”的兼职工作。

“短”即时间短，集中精力拿出几个周末或五一、十一小长假打零工，赚够弥补理财漏洞的钱就走。这样做，可以避免为做兼职而拖垮身体、影响工作这类本末倒置的事情发生。

“平”即渠道通畅，最好中间有熟人介绍，免去了寻找兼职过程中浪费时间和精力。

“快”，指要找那种可以快速上手的工作。如果为一份简单的兼职工作还要把宝贵的时间和精力浪费在培训、等待和走流程上，则有些得不偿失。

而日常工作并不很忙的人，适宜选择一些可以考虑长期从事的兼职工作。很多成功人士，他们都是身兼数职并最终在自己最擅长的领域取得了不菲的成就的。想想你年纪轻轻，却干着一份很轻松的工作，往往不是这个职业本身没有前途，就是你所在的职位根本不受领导重视。

一个二三十岁的人，一切还得向前看。如果你想获得更好的发展，就请不要做温水中的青蛙。好好考虑一下自己的职业规划，并趁业务不忙的空闲时间谋一份自己喜欢，并有着不错前途的兼职工作，为未来铺好道路。很多年后，谁知道它就不会“转正”，成为你为之毕生奋斗的事业呢？

而对收入不稳定，同时收入也不是很高的自由职业者来说，个人认为找一份来钱快、在年底前可以准时收到报酬的兼职，是保证“节流计划”不受耽误的有效办法。

当然，创收也未必要在本职工作外。如果你喜欢当前的工作，并且你拿的是绩效工资，那么不妨更加努力地工作，以便拿到更高的奖励。这样一来不仅弥补了理财漏洞，说不定还有机会因为卓越的表现获得提升、加薪的机会，两全齐美。

不管采用什么方式创收，如果你想完美执行“节流计划”，不想因各种理由半途而废，那么，创收吧！创造出支付额外账单的费用，不但可以理出钱财，还能理出一片事业和人生的新天地。

◇ 告别月光族 ◇

我喜欢《瓦尔登湖》里的一句话：“没有人会穷得只能坐在南瓜上的。那是偷懒的办法。”

不论收入是高是低，不论你曾经有钱没钱，这都不重要。你的未来能不能有钱，看的是你想不想理财，能不能勤快地去学习理财、实践理财。

事在人为。不懂理财，你就会成为钱财的奴隶，受它压迫；而如果你愿意在理财上动动脑筋，就可以成为钱财的主人，将自己的钱财利用得更充分。

我们姐妹几个践行的结果证明，这一切，只要你愿意，只要你真想迈出变富的第一步，7天足矣。而如果这样的理财思维和理财习惯你能践行一年，就可以衣食无忧啦。

当然，理财不是空话，它需要你去做。

Cherry、小倩、王琳和我，每次理财咨询结束后，都会分头行动，积极去“做”。

一晃一年过去了。又是一个飘着雪花的圣诞节。

大学时的同窗五姐妹再次聚到一起时，光景已和前一年大不一样。

从前总爱沉浸在各大网店无法自拔的Cherry，如今打扮时髦、光彩照人，“节流计划”和兼职家教获得的收入都被纳入到定额储蓄中，短短一年下来，她比去年多存了两万多元，这绝对是一项了不起的理财业绩。

小倩得到小白真传，热衷于“变废为宝”和有方法的“淘宝”，专心当起了“DIY专家”，自己购买原料来制作礼物。这样做，既不耽误给朋友、亲戚送礼物，还能送得有特色、有新意，同时也节省下了不少钱财。可谓一举三得。

至于王琳，自从卖了爱车后，真是没车一身轻。卖车得了钱后，她又变得财大气粗，忍不住想要“挥霍”。不过，一向精明的王琳自然是“挥霍有道”，追求时尚却从不忘“节流”妙招。如今，她爱上了去二手包专卖店租包、换包，还特别热衷于当“拼客”，拼车短途旅行、商场拼购、去高档餐厅拼美食，她那副价值3600元的眼镜，也是和几个朋友一起“拼”来的。

我虽不像王琳那样不差钱，毕竟收入有限，但自从在写作之外兼了一份有稳定收入又不太花费时间的工作后，仿佛吃了一颗定心丸，生活不再那么焦虑，写作也更富激情，一切都在往好的方向发展。

第二个相聚的圣诞节，最大的惊喜，是前一年缺席的阿伦也到场了。

一年来，大家都没有忘记阿伦，有什么理财上的新方法，我们都会第一时间告诉她。阿伦也很乐意跟大家一起学习理财。在我们几个的带动下，她开始使用二手的婴儿车、学步车、婴儿床、玩具等。这些东西虽是旧的，但都经过消毒，洗得干干净净，给孩子用着比新买的还要放心。一年下来，阿伦在购买婴儿用品上节省了不少钱。此外，她还趁带孩子的空闲，加入了社区妈妈论坛，并在论坛上结识了许多年轻妈妈，和她们交换育儿经验，探讨教育问题，分享育儿心得。最近，阿伦说，跟她一样面临事业和家庭难以两全这个问题的年轻妈妈，正在发起一个创业会，她们希望可以共享妈妈们的智慧和资源，一起做一些共同感兴趣的项目。如果创业成功，这些妈妈们就带娃赚钱两不误了。

窗外，不知何时下起了大雪。圣诞树在咖啡厅里闪闪发光，红光满面的圣诞老人一摇一摆，欢快地唱着*Jingle Bells*。

“来，为越来越好的生活干杯！”

“为告别月光族干杯！”

“为幸福的生活干杯！”那一年，几个姐妹在欢乐的氛围中嗨起来，为告别“月光”举杯同庆。

4

CHAPTER

第四章

理想丰满，现实骨感

穿衣打扮需要用钱，美容保养需要用钱，住房需要用钱，开车需要用钱，生养孩子需要用钱……

我们要追求稳定的、有品质的生活，的确需要一定的钱财保证。

◇ 谁说现实不骨感 ◇

不断赚钱、不断花钱，从零起点回到零终点，生活一直原地踏步，是曾经的我们——几个月光族生活的真实写照。对我们来说，如果把财富的积累比作一座金字塔，理想是塔尖，那我们就是绕行在塔底的小蚂蚁——遥望塔尖金黄的光辉，自己却一直在塔底兜圈，无论如何也无法接近它。

“节流计划”改善了我们几个的财务状况，使月光族告别“月光”，向理财的高塔迈进了一小步。但这迈上的一小步，距离塔尖还是太遥远。我们总是情不自禁去遥望，遥望过后便是叹息，是灰心丧气。抵达塔尖的信心大厦一天天动摇着，不知道哪天会轰然倒塌。

尽管“节流计划”让我们攒下了一些钱，可与现实的需求相比，这点钱简直杯水车薪。生活中有太多需要用钱的地方，且不说理想的生活，仅仅养活自己、养活孩子、赡养老人，人这一辈子就不知道要花费多少钱。

对此，我曾算过一笔账，预计自己的寿命是80岁，假定工资不涨、物价不涨，从23岁毕业开始计算，那么按照最低标准，我们一辈子需要赚够的钱数如下：

基本生活费用	我和子乔	10万元/年×57年=570万元	合计=840万元
	孩子（供到大学毕业）	100万元	
	父母	50万元	
	买房（在二线城市）	120万元	

而这840万元，充其量也就只够一家人过最为普通的生活：房子只能买郊区的，也无法挑学区；孩子只能上普通的学校，动辄上万学费的兴趣班、补习班费用还不能计算在内，出国游学之类更是免谈；而50万养老钱，均摊到4个老人人均才12万元多些，很可能根本不够未来的医疗费、护理费。

然而，对于这840万元，如果按照我和子乔目前的收入来算，那么我们得工作52.5年，也就是说，我们得一直工作到76岁。

你也许会说：不必担心，收入肯定会涨的。

没错。我也相信收入会涨，但是，收入的涨幅一定赶得上通货膨胀的速度吗？很难说。

840万元，对事业刚起步、年薪区区数万的我来说，简直就是天文数字。

理财师总是鼓励我们："不要着急，面包会有的，牛奶也会有的。要不了五年十年，你们都会开上好车、住上大房子的。"

真的吗？虽然表面上我选择了相信，内心却是一万个疑问："我凭什么在五年内买车又买房？难道靠理财就能理出车子、房子来？"

"理想丰满，现实骨感"，是三年前的我对生活的最大感受。对当时的我来说，生活就像一座大山，沉重地压在我的肩膀上，令我喘不过气来。

◇ 理财波谷期 ◇

一边是需要赚够840万元的压力，一边是少得可怜的收入——一想起这些，我就不禁失眠，每个夜晚都辗转反侧，幻想买一张彩票，然后中了大奖，一劳永逸。幻想、空想过后，留给每个空荡荡的夜晚的，是无限的焦虑——看来，不想点办法是不行了。

不久后的一天，我约了同样心事重重的Cherry她们几个，一起去找理财师。

理财师听完我们的倾诉，好像早就料到我们会再次去找她似的，笑着说："看来，你们遇到新问题了。"

"新问题？"我们几个异口同声。

是的。我们又遇到了新问题。

人生如浪头，一波推着一波走。在前进的途中，我们都会经历波峰波谷的交替。位于波谷，不见得就是不幸。也许它是一个信号，告诉你："新的征程开始了，你将要走上更远的路。"

但是，处在波峰和波谷交替的阶段，常常会比较难受。

那时，我们几个正值告别"月光"，比较顺利地度过了理财“第一波”，还未开始“第二波”征程的交替阶段。处在谷底，我们见到现实中有一大堆困难，像一只只拦路虎挡住了我们的去路。这些困难，原本潜伏在生活的更深层，因为未触及，所以没有浮现出来；现在，我们对生活提出了新的目标，告别“月光”后想成为“有产一族”，想要房子车子，要理想的职业，追求更加富足的家庭生活——于是，新的问题被触及，新的困难就产生了。

生活就是这样，不论你走多远，问题和困难总会相随。如果跨过了这道坎，生活就会向前迈进一步；跨不过去，生活就只好原地踏步了。

那么，我们要如何才能克服新的困难，奔向更好的生活呢?

用理财师的话说：“别着急。兵来将挡，水来土掩。只要会理财，成为‘有产一族’也不是大问题。”

◇ 为什么言不由衷 ◇

只要会理财，成为“有产一族”也不是大问题；但前提是，首先得明确自己追求的目标。如果连自己想要什么都搞不清，又怎么可能得到它，并享受它带来的满足和幸福呢?

“什么是你这一生最想要的生活？”

在追求幸福之前，每个人最好扪心自问一下。

“什么是你这一生最想要的生活？”

这个问题看似简单，却不容易回答。有太多人并不清楚自己真正想要什么，他们总是言不由衷、心口不一。

譬如，我有个朋友，逢人就说隐居山林，在山上修栋别墅，闲看云起云落，坐听水声鸟语的生活是她今生最大的梦想。

有人劝她：“既然这样，为什么不回老家去？你的老家不正好山清水秀、鸟语花香吗？”

这位朋友摇摇头：“我老家的确很适宜居住，但交通不方便，也找不到如意工作，还是等赚够了钱买了车再回去吧。”

几年后，她攒了一些钱，可没有回去修缮旧居，而是在县城郊区的一个偏僻的地方买了套房，愁眉苦脸当起了房奴，日子自然是过得紧紧巴巴。她不喜欢自己的生活，整天叹息没钱也没时间享受自在生活，言语中都是对生活不如意的抱怨。

为什么人们总是言不由衷，自欺欺人？

这倒并非他们故意这样，其实他们自己并没有意识到自己的“言不由衷”。

“什么是你这一生最想要的生活？”

她们没时间，也不习惯去认真思索。

她们对待梦想的态度马马虎虎，从未严肃地问过自己真正喜欢什么。

她们被习惯、被偏见、被压力、被周遭的诱惑推着走，而内心最迫切的渴求、最真挚的呼喊却被嘈杂的现实淹没，被搁置在无人问津的角落，偶然想起时被提一提，过后就被抛在脑后，被推迟，再推迟，甚至被彻底遗忘……

人生只有一次，无法重来。而没有目标的人生，随波逐流的人生，是对生命的浪费，也是对自己年轻时理想的背叛。

谁会没有理想呢？哪怕没有一个清晰的目标，一个大致的理想总是有过的吧？对生活的美好憧憬总是有过的吧？

可是，无情的岁月却磨平了一些人的个性棱角，让他们变得麻木，甘于平庸。不知何时，他们已变得眼里只有六便士，而再也看不见天上的月亮。

其实，有谁愿意不惜一切得到的却是自己不想要的生活？有谁愿意放弃理想终日被一堆不重要的、无意义的事情纠缠？人们之所以与梦想渐行渐远，不是没有理想，也并非为了生活必须放弃理想，而是因为缺乏明晰的生活目标，才不知不觉偏离了理想生活的方向。

因此，要想获得幸福生活，最得要的，就是明确自己的梦想，然后有的放矢去追求，这样，无论是时间还是钱财，都不至于被浪费。

◇ 梦想测试题 ◇

梦想是明灯，能引领人直行，避免走弯路。可要找准那个真正属于你的梦想，却并不容易。

一个人的思想是复杂的，生活也是复杂的。很多时候，人们的梦想并非始终如一，他们想要的很多，所以常常不知道首先要追求什么；生活中也有很多因素会蒙蔽我们的双眼，影响我们的判断，使我们看不清真实的内心。

有人把一时之念当作梦想，有人把空想当作梦想，有人不惜一切代价实现了别人的愿望，也有人到老了才发现把一辈子浪费在了不重要的事情上。

真正的梦想，隐藏在一堆假象中，变得难以分辨。

什么是重要？什么是真实？

为了帮助人们准确找到真实的且切实可行的梦想，美国人约翰·C.麦克斯韦尔设计了一套“梦想测试题”。测试者可以根据自己的实际情况在每个“梦想测试题”下的ABC三个选项后打“√”或“×”，测试后可再找3~4个好友给自己打分（得分为1~10分），帮助评估实现梦想的可能性。

以下是约翰·C.麦克斯韦尔设计的10个梦想测试题。

1. 归属问题：我的梦想是否真的是我的？

A. 如果我实现了梦想，我就是世界上最快乐的人。

B. 我已经和其他人公开分享了我的梦想，包括那些我爱的人。

C. 别人怀疑过我的梦想，但我依然坚持。

2. 清晰问题：我是否清楚地看到了梦想？

A. 我能用一句话来概括我的梦想。

B. 我能回答几乎所有关于我的梦想是什么的问题。

C.我已经清楚详细地写下了我的梦想，包括主要特征和目标。

3.现实问题：我是否在依靠自己掌控的因素实现梦想？

A.我了解自己最大的天赋，而且我的梦想非常依赖这些天赋。

B.我现在的习惯和日常行为对于我实现梦想非常有益。

C.即使我不够幸运，即使一些重要人物忽视或反对我，即使我遇到了巨大的障碍，我的梦想还是可能实现的。

4.热情问题：我的梦想是否在驱使我追随它？

A.我最想做的事情就是看到梦想实现。

B.我每天都在思考我的梦想，睡前和醒来时都在想着它。

C.这个梦想对我的重要性已经持续了至少一年。

5.途径问题：我是否拥有实现梦想的策略？

A.我已经写好了关于如何实现梦想的计划。

B.我已经和我敬重的3个人分享了我的梦想，以得到他们的反馈。

C.为了实施我的计划，我已经对我的生活重心和工作习惯做了很大的调整。

6.人的问题：我是否招募了实现梦想所需要的人？

A.我已经将自己置于那些能够激励我的人当中，他们会真诚地对待我的优点和缺点。

B.我已经召集了那些能够帮助我实现梦想的人，他们所拥有的技能可以相互补充。

C. 我已经将我的梦想画卷传递给了他人，让他们也能够拥有。

7. 代价问题：我是否愿意为梦想付出代价？

A. 我能详细说出为实现梦想我已经付出的具体代价。

B. 我已经考虑过我愿意用什么来交换，以实现我的梦想。

C. 我不会为了实现梦想而改变我的价值观，损害我的健康，或者破坏我的家庭。

8. 毅力问题：我是否正在向梦想迈进？

A. 我能说出我在实现梦想的过程中已经战胜了的困难。

B. 我每天都在做一些事情——即使是非常小的事情——去靠近我的梦想。

C. 我愿意为了成长和改变去做一些特别困难的事情，以实现我的梦想。

9. 实现问题：我是否能在实现梦想的过程中获得满足？

A. 为了使我的梦想成真，我愿意放弃我的其他目标。

B. 我愿意为了实现梦想而奋斗几年甚至几十年，因为它对我来说如此重要。

C. 我非常享受追求梦想的过程，即使失败了，我也觉得我为追求梦想所付出的努力是值得的。

10. 意义问题：我的梦想是否有益于他人？

A. 如果我的梦想实现了，我能说出除我之外将受益于我的梦想的人的名字。

B. 我正在建立一个由与我想法接近的人组成的团队，以实现我的梦想。

C. 我现在为了实现梦想所做的事情在5年、20年，或者100年之后还是有意义的。

认真思考，并诚实回答上述10个问题，并在每一个小问题后面打“√”或“×”。

答卷上“√”越多，说明你的梦想越清晰、越容易实现；答卷上“×”越多，说明你的梦想还需要进一步清晰和完善，要实现梦想，你还有很长的路要走。

◇ 给梦想瘦瘦身 ◇

通过“梦想测试题”，关于梦想的一些疑团正如云雾渐渐散开。一道阳光洒进来，对于梦想，我们看得更清晰了，知道了哪些是真正属于自己的梦想，哪些是迫于别人的意志，哪些梦想有可能实现，哪些仅仅是一时冲动产生的空想罢了。

在人的一生中，常被人称为“梦想”的想法是何其之多，这些大大小小的梦想纠缠交织在一起，犹如长满百草的荒野般芜杂。人生，要在这样的荒野中种出果实来，必须清理掉那些似是而非的梦想，及一些不那么重要的梦想。

因此，我们需要忍痛割爱，去繁从简。从一堆梦想中甄选出10个最重要的，果断去掉次要的梦想，而把别的有可能妨碍这10个梦想实现的小梦想，也暂时搁置一边，等有余力了再收拾它。

这个过程，就是在清理梦想，给梦想“瘦身”。

第一步：在一张纸上，先列出你能想到的所有梦想。

把你目前想做的、希望得到的所有梦想都列在纸上，越多越好。每一个梦想，最好不要写太长，不要太具体，建议以词语或短句的形式来描述，如“我想买房”“我想加薪”“我想换一份轻松的工作”“我想今年结婚”“我想去海外旅游一趟”“我想买彩票中大奖”“我想住得跟父母近一些”“我想结束两地分居的现状”“我想有一份稳定的工作”等。

你可以从爱情、亲情、财富、事业、健康等几个方面来罗列自己的梦想。

第二步：用“归属问题”“热情问题”来排除不属于你自己的梦想。

面对纸上列出的众多梦想，把不属于你自己真心渴望的，无法激起你追求热情，反而会带给你苦恼和压力的虚假梦想，毫不留情地删掉。追求这些不是出自你真实内心，而是来自外界压力与诱惑的假目标，不会带给你幸福。只有追逐自己的真心，梦想才会变成翅膀，带你轻松去飞。

❖ 并非出自真心的假梦想	❖ 出自真心的梦想
与你的性情、实力、喜好不相符	符合你的性情、实力和喜好
想起它让你感到压力、想逃避	想起它让你神清气爽，觉得很美好
追逐它的过程，让你疲惫不堪	追逐它的过程，让你干劲十足
想起它让你昏昏欲睡	想起它让你精神百倍，兴奋不已
你为了它而牺牲别的生活时，常常感到懊悔	你愿意不惜一切代价实现它
你通过努力，实现了别人的理想、抱负	你通过努力，实现了自己的抱负
没有别人的监督时，你会停下追求理想的脚步	根本不需要监督，你会很自觉地迈向梦想的方向

第三步：用“意义梦想”来反省梦想的价值。

一个有价值的梦想应该对生活产生积极意义，舍弃那些损人利己的追求，保留美好、崇高，对自己对别人都有好处，至少不会给别人带来损失的梦想。

第四步：把梦想具体化、清晰化。

老子曰：“天下难事，必作于易；天下大事，必作于细。”一个宏大的梦想，只有被具体化、被分解为一个个具体可行的细节时，才能被实现。按照“清晰问题”下提到的三点，使你的梦想变得更加清晰、具体，如列出实现梦想的时间、地点、需要多少支持、阶段性目标是什么等，可以使梦想变得更清晰。

比如，“我想有一套房子”这个梦想，可以具体化为：“我希望在35岁之前在北京五环内拥有一套100平方米左右、南北通透的房子。”

当抽象的梦想，变成一幅清晰可见的图画时，它往往更加容易实现。

第五步：找到梦想的起点、终点和其间的途径。

知道了梦想是什么，接下来，还需测量一下梦想与现实的距离。标出你的起点位置，在旁边列出你现在拥有的条件，再标出你的梦想位置，在旁边列出实现梦想所需的条件，对两者进行比较，可以使你正视现实，有利于做好心理准备。

第六步：寻求实现梦想的路径。

没有谁的梦想会轻易实现，它需要我们想方设法去追求。实现梦想，有许多路径。在你能想到的所有路径中，有一些也许根本走不通，有一些走起来很远、很费劲。但我们真正要走的那条路径，最好是一条可以最快、最省力抵达目的地的捷径。

标出梦想的起点和终点，并认真用箭头标出你觉得切实可行的路径，并在一侧简略标出你的操作思路，看看你实现梦想的路有多少？有多宽？哪条最近？可以使你更具体地感受到追求梦想的难易程度，并对怎样实现梦想产生更深刻的思考。

第七步：评估你愿意为这个梦想付出多少。

为了实现一个梦想，我们总要为此付出很多，有时候甚至需要牺牲一些别的梦想与愿望。你愿意为这个梦想付出多少，很大程度上说明了你追求这个梦想的决心大小，及它在你心目中的重要程度。“为了A，你宁可舍弃B吗？”通过这个办法，可以给最后剩下的各个梦想排序，以分清梦想间的轻重主次，帮助你找到最想要实现的愿望。

第八步：换一张纸，正式且清晰地列出你的梦想清单。

经过上述七个步骤的层层过滤和筛选，现在，最初那张写满梦想的纸上肯定画满了记号。在最终保留下来的所有梦想中，按照重要性排序甄选出最多10个梦想，将它誊到一张干净的纸上，并列出每个梦想的起点、终点及其间的路径简化图。

在列“梦想清单”时，千万不要拖泥带水，果断留下最重要的10个梦想就足够了。

人的一生，如果10个梦想都可以实现，已是非常成功。别的梦想，即便它是你真心所愿，也请暂搁一边，等有余力的时候再去启动它。否则，它的存在尽管不是多余，但会分散你的时间、精力和钱财，诱使你因小失大，妨碍内心最渴望的梦想的实现。

清理梦想，给梦想“瘦身”，卸下那些带给你负担的包袱，就是给自己的生活减负——这比任何一种具体的理财手段都来得有效。

◇ 启动理财杠杆 ◇

给梦想“瘦身”，会减轻我们的生活压力，但“瘦身”后的梦想，也许仍然十分昂贵。

毕竟，现实的生活总是与钱财脱不了干系，没有钱，很多梦想再好也只能是空谈，根本无法实现。

我们要追求稳定的、有品质的生活，的确需要一定的钱财保证。

至于理想的生活需要花费多少钱，不管是10万元，50万元，100万元，1000万元，还是更多，这因人而异。每个人的梦想不同，需为此付出的代价也不同。

我曾对自己的梦想做过评估，结论是在保证840万元基本生活费用的基础上再加200万，也就是1040万元，大抵就可以过自己理想中的生活了。

如果一对夫妻年薪各有几十万元，两口子攒个1000万元也不是什么难事；但对于当年两个人收入加起来也只有十几万元的我和子乔，1000多万元对我们来说无疑是天文数字，它意味着我们两个得马不停蹄工作到将近100岁。

这显然是不现实的。

面对这么昂贵的梦想，我该怎么办呢？

当时，我被困难吓住了，忘了去动脑筋。还好理财师提醒了我："这件事一定是这样吗？""它必须这样吗？"

一定？必须？

不。

早就说过，一个人能否获得幸福，并不在于收入的高低，也不在于财富的多少，而在于她是否懂得理财。

因此，不管梦想有多昂贵，都不要因为畏惧而放弃梦想。坚持自己的梦想，并学会使用理财这根杠杆，找对支点，那些看似遥不可及的目标，就可以一一实现。

5

CHAPTER

第五章

学会理财，让自己富起来

学会理财的智慧，舍得投资自己，懂得用钱赚钱，深谙投资理财之道，那么，就可以掌控金钱，做金钱的主人；利用金钱，让金钱运转起来，让它为自己的梦想服务。

◇ 你在为谁工作 ◇

多年前有一本职场畅销书叫作《你在为谁工作？》，我特别喜欢这个书名。

你在为谁工作？是为了他人？还是为自己？

很多人会不假思索地说：“当然是为自己。”

真是这样吗？

生活中，有人因工作忙碌而无暇恋爱，人到中年房子、车子都有了，就是无家可归；房子不是家，有爱人的房子才是家，才有牵挂。

有人一心为工作，事业上成就不小，却因长时间与父母、子女分离，搞得家庭矛盾重重，这样的人生又有什么乐趣？

近几年，“过劳死”的报道接二连三。很多学业、事业刚有起色的优秀年轻人，站在人生的起跑线上还没起飞，却已栽倒——这样的人生又是为了哪般？

你究竟在为谁工作？为了他人，还是为了自己？

要回答这个问题其实很简单——只有当一份工作令你愉快，令你放松，能带给你满足，并能帮助你接近梦想时，你才是在为自己工作，才会收获幸福；否则，你就是在为别人工作，为一些根本不值得你如此付出的事情工作。

有人说："工作（job）就是'比破产强一点'（just over broke）的缩写。"

不为自己工作的上班，只比破产强一点点。

只有为自己工作的人，才能享有长久的幸福；只有不忘幸福宗旨的人，才可能为自己工作。

生活中，那些事业有成、生活幸福的成功人士，无不是为着自己的梦想和幸福而工作；而他们工作的结果，也正是指向了幸福的生活和理想的实现。

因此，为了长远的幸福，请停下来，停下让你感到压力、压抑、不开心、没兴趣、感受不到满足感和成就感的工作，从混沌的状态中解脱出来，重新思索一下未来的去向。

为自己工作，为幸福工作，也并不一定要取得多大成就。但它一定是能帮助你不断接近梦想，并最终实现梦想、获得幸福与满足的。它的意义，就在于给了你踏实、健康而又无悔的人生。

为自己工作，你会感到你的工作值得拥有与不断投入，它能给人以欢欣、满足，它会激发你的灵感和创造力，使你孜孜不倦投入其中，并从工作中获得无穷的乐趣、发现自己的价值。同时，如果你能够为自己工作，你的工作一定是有利于身心健康的，它不会让你顾此失彼，因为过多投入工作而牺牲自由、健康、爱情与幸福的家庭生活等美好的东西。

我们应该始终为自己工作。有时，我们很难一下子找到理想的工作、适合自己的事业。在此之前，往往不得不走一些迂回曲折的道路；但那又怎样？只要心中有理想、有事业，即便干着一份不喜欢的工作，也可以从中发现乐趣和它对于理想的价值——当你做着一份不太满意的工作时，你要明白，你并不是“嫁给它”了，而只是在跟它做交易，你贡献它需要的，并从它那里得到你想要的，当时机成熟时，你可以果断抛弃它，朝着自己的梦想大步前进。

只可惜，很多道理，都是说时容易做时难。为自己工作，需要你学会判断，更需要行动。

不要害怕变化。“树挪死，人挪活。”胆小怕事、待在一处不敢挪腾的人，处境往往越来越糟糕；敢于折腾，大胆朝梦想迈进的人，往往会获得更多机会、更好的境遇。

想起多年前，自己大四那年，我独自坐在一棵老槐树下陷入迷惘，不知道未来何去何从。当时，大多数同学都在忙着考公务员、考研，向各大知名企业投简历。尽管稳定，收益不错，但朝九晚五、日复一日地上班并非我的理想，我不愿为不喜欢的事情牺牲宝贵的时间和自由。

不久后，我做出了自己的决定：当一名自由撰稿人。

我的同学很惊诧于我的选择。因为说实话，在此之前，我从未在哪家报纸、杂志上发表过一篇文章，我也没有在各类征文比赛中崭露头角。写作并非我的特长，充其量只能说是我的一项个人爱好。可是，我思虑再三，决定不管付出多少艰辛也要朝着梦想前进。

在追求梦想的过程中，我经历了许多打击和挫折：投出去的作品石沉大海，久久没有回音；费了九牛二虎之力写出来的书稿，终于有出版社觉得点子不错，但从初稿到书，在反复催促和大大小小的修改建议下，我把稿子改了又改，改了不下五遍。后来，我渐渐开始在杂志上发表作品，写的书稿也渐渐有了市场，但仍旧收入甚少，而且极不稳定。

我的写作事业推进得很艰难。而真正打击我的还不是这些，而是家人的不理解与不支持。他们反复在我面前说起谁谁家的孩子一年赚了多少钱，谁家的孩子考上了公务员，谁谁家的孩子自己开公司当了老板。此外，他们不断劝我别再异想天开，而是应该回到“正道”上来，踏踏实实赚钱、买房。

但我没有放弃。

多年后的今天，我非常庆幸自己当初的选择和坚持。虽然现实处境和我的理想还很遥远，但我终于从最艰难的时刻熬过来了，现在做着一份自己喜欢的工作，而且过得也不比别人差。

我很感激当初的自己没有随波逐流，而是勇敢地选择了做自己。

这些年来，每当遇到困难和挫折，我总会对自己说：“我不是最笨的一个，就不会成为最差的一个。我不求出类拔萃，但求做最好的自己。”

这句话一直鼓舞我不断前行，成为我坚持不懈写作的动力。后来，我也曾拿这句话鼓励过身边一些对自己的梦想和事业产生怀疑的亲人、朋友，他们也因此大受鼓舞。

多年前，很多亲人、朋友都曾替我担心，为我感到忧心忡忡，怕我养不活自己。但现在我已证明，只要为自己工作，就可以做最好的自己；只要能做最好的自己，理想自然会慢慢接近。

如果我一开始不敢坚持自己，而是在别人的催促和建议下选择了一份自己不喜欢的职业，那么今天，我可能会跟我身边的一些朋友一样，渐渐开始厌恶自己的那份工作，想要摆脱现实处境，却又感到错过了最佳的时机，因此感到忧心忡忡，很不开心。

不为自己工作的上班，只比破产强一点。

生活有舍才会有得。大胆走出阻碍你实现梦想的狭隘屋檐，未来会像广阔的蓝天，在外面等着拥抱你。

◇ 投资自我，别怕下血本 ◇

追求幸福不光需要自信、决心和勇气，也需要与此相称的力量。

这些力量是什么？

是健康，是智慧，是把握机遇的能力和胆识。

这些东西从哪里来？

从投资自我中来。

只有懂得投资自我，才能发掘潜藏于自身的潜能，充满力量，向心中的梦想前进。

要想投资自我，就需要付出。而这付出，有时间和精力上的付出，当然也有钱财上的付出。

“你希望自己变得更美好、更优秀吗？”

“希望。”

“你有为此投入足够的时间、精力和金钱吗？”

“嗯……我没时间。”“我没多余的钱。”“我精力不够。”

很多人也许会做出这样的回答。

可是，为什么没时间？为什么没钱？为什么精力不够？

扪心自问，你会发现，很多时候所谓的“没时间”“没钱”“太累”都不过是借口，是懒惰、缺乏远见、对自己小气、不愿付出努力的借口。

一个聪明人，注重的往往不是眼前如何去消费，而是如何去投资。

今天你投资自己，就等于投资了未来，明天就收获未来；而今天你把时间、精力和钱财白白用在消遣和消费上，那么，明天留给你的也许将会是压力和负担。

一个人，只有投资自己，才能改变自己；只有改变自己，才会改变未来。今天投资保养，明天收获美貌与健康；今天投资培养兴趣，明天收获闲暇时光的乐趣和充实。

投资自己，是世界上最聪明、最可靠、成本收益率最高的投资。漂亮的容颜也许会随青春逝去，但气质、优雅、健康和智慧可以永远留住。

那么，应该如何投资自己呢？

一、为健康“不顾一切”。

身体是革命的本钱，失去健康的人，往往面色难看，精力不佳，难以承担工作压力，还可能因病花去大量钱财，幸福会远去。对一个人来讲，没有比健康更重要的事情了。聪明的人会为健康“不顾一切”，而不是为了别的目的不惜牺牲健康。

保健康小贴士

①不管多忙，千万勿熬夜，勿通宵，与其买很多化妆品掩盖憔悴，不如多睡美容觉；②如果身体发出疲倦的信号，就说明它已经很累了，一定不要吝啬休息时间，累了就给自己好好放个假；③千万不要为吃省钱，该吃吃该补补，注重营养均衡；④为自己做个一年一度的全身体检，将病患消灭在萌芽中。

二、提升专业素质，做事业的主人。

一个人要想获得自由，就要有自己的事业。提升专业素质，能帮助你更容易地找到高薪、称心的工作，从而远离钱财方面的忧愁，为生活提供保障，为实现梦想铺路。

如何提升专业素质

①参加业内知名的专业培训，是提升专业素质的一条捷径；②找最有利于提高专业素质的岗位实践训练；③通过相关网络课程、书籍等，自学专业知识；④与业内最优秀的同行打交道，向他们学习，可以让你更快地成长。

三、拓展自己的社交圈。

广泛的社交活动，可以使人拓展眼界与认知，从而获得更多的机会并结识新朋友。

如何拓展社交圈

①多参加感兴趣的活动，兴趣爱好可以为你吸引来一群“志同道合”的朋友；②对人热情、真诚待人、学会微笑，有助于提升你的人气指数；③积极参加社交性沙龙、聚会，也是拓展社交圈的一个办法；④报名参加专业培训课，可以让你接触到事业上的伙伴与合作人。

四、多读书。

一本好书，是人最忠实、最智慧的朋友，会带给你无法从生活和实践中快速学到的东西，包括各种成功人士的经验、智者的哲思、实用的工作方法等等。爱看书的人气质不会差，还往往具有独特的见解与智慧。外表可以打扮，但内在却无法假装。

培养读书好习惯

①在床头放几本喜欢的经典好书，睡前翻几页，经年累月将是不小的积累；②书看得专是精，看得广是博，开卷有益，看书不必追求多；③看书也不必拘泥于别人的评价，要有自己的思考和理解；④一边看书，一边思考，才会有收益；⑤好书值得反复阅读，每次品读会有不同的味道。

五、培养至少一项的兴趣爱好。

没有爱好的人，生活容易陷入空虚、无聊。兴趣是快乐的所在，它使生活充实而且丰富多彩。无论是插花、茶道、绘画、跳舞、制作手工艺品……兴趣可使你更富魅力，有助于拓展你的人际圈，并可能为你的事业打开另一扇门。

区别兴趣与怪癖

①兴趣可以公开；怪癖行为则要躲起来做。②兴趣是正常的心理偏好，喜欢但不痴迷；怪癖让人想终止却停不下来。③兴趣带来正能量、正效益，怪癖一般带来不好的结果。④兴趣提高你的人气；怪癖让别人对你避而远之。

投资自我，别怕下血本。投资自己的时间、精力和钱财，不能仅靠“挤”，而是要保证投资的持续不断。我们需要依据自己的人生梦想，进行一番长远的规划并制订一项可行的计划。

“梦想储蓄池计划”，就是这样一项有关投资自我、投资未来的计划。

◇ “梦想储蓄池计划” ◇

“节流计划”让我们告别“月光”，走向财富积累的第一步；但财富的积累，不是人生的目标。一个真正懂得理财的人，不是最会攒钱的人，而是最懂得合理使用钱财、规划钱财，使死钱变活、让它们为梦想服务的人。

要做到这些，需要智慧和远见。不过，由五大步组成的“梦想储蓄池计划”，可以化难为易，帮助我们逐步学会钱财的合理支付和使用，使我们逐步接近自己的梦想。

第一步：仔细测量现实和梦想之间的距离。

我们已通过“梦想清单”了解了“梦想是什么”“要通过什么途径来实现梦想”，但光知道这些还远远不够。要真正实现梦想，我们的计划必须是精确的，需要精密的计算，没有误差。

你的现实和梦想之间究竟隔着多远的距离？

要回答这个问题，不妨从人、物、才、财、资历几个方面来考虑。

人，是追求梦想过程中可能涉及的所有与人有关的因素。为了谁？需要谁？有谁？与谁有关？能用到谁？要多少人？怎样建立或处理其间的关系？

物，是追求梦想过程中需要用到的资源。需要什么？有没有？有多少？如何得到？

才，是自身在追求梦想时所需具备的禀赋。诸如天分、潜力、怎样去提高等。

财，是指在追求梦想的过程中有关钱财的因素。成本多少？要付出什么代价？需要什么财物支持？需要多少？有多少？差多少？如何得到更多钱财？钱财欠缺时如何应对？

资历，是指实现梦想所需要的硬性门槛条件，如学历、资格等。现在有什么？还差什么？欠缺的该怎样弥补？

按照这样的思路逐条思考、整理，现实和梦想之间的距离就可看得更加清晰。现实和梦想之间的差距，就是接下来你需要去弥补的部分，可以指引你的行动有的放矢。

第二步：清晰列出你需要为梦想“铺路”做好哪些准备。

一个梦想越抽象、越模糊，就越不可企及；越清晰地被描绘、计算出来，就越容易把握。

看清差距后，接下来就要开始“画图纸”了。所谓“画图纸”，就是对上一步骤的问题做出回答。回答时，最好使用具体的数字、人名及详细的描述性话语。这样做时，一座宏大的梦想大厦的蓝图，就会被分解、细化为一块块“砖瓦”、一条条“钢筋”和一袋袋“水泥”，更便于精算和接下来的分步执行。

第三步：分类建立“梦想储蓄池”。

有了前两步准备工作，真正的“梦想储蓄池计划”就要开始了。“梦想储蓄池计划”的执行，可分为三部分。

■ **战友储蓄池计划**

人是社会性动物，我们的很多梦想都需要通过合作来完成。缺少别人的帮助，很可能事倍功半，甚至寸步难行。为你的人生建立一个人脉“储蓄池”，“池”里存入所有愿意帮你、呵护你，给予你亲情、爱情和友情的父母、爱人、亲戚、朋友、同事等人。它会因为你善于经营和维系而越积越满，也可能因你疏于管理、交往而渐渐变空。

■ **能量储蓄池计划**

一个梦想的实现，除需要人的因素，还需要很多有形、无形的能量支持。才华、竞争力、魅力、号召力、技能、健康、相貌、阅历、学历等，就是这样的能量。

能量储蓄池是一个为你积攒、储备竞争力的储蓄池，它的深浅直接反映你实现梦想的实力大小。通过不断投资自己，可以使这个储蓄池越来越满。

■ **资金储蓄池计划**

资金储蓄池计划，就是为梦想攒钱。一生中要实现的梦想有很多，这些梦想所需要的资金累加在一起，看起来也许数额大得惊人，但是不要怕，每一座高楼大厦，都是从一小块一小块砖起步的。根据梦想清单，为每一个梦想分别建立一个账户，然后根据实现梦想的轻重缓急，将每月储蓄按比例存入各个梦想账户中，你的资金储蓄池就会逐渐满起来，直到有一天它足够承载你的梦想之船去远航。

第四步：按轻重缓急，将梦想分为“主梦想”和“次梦想”，并将其分为长期、中期和短期三大类。

梦想有主有次，如果钱财、时间等不充裕，进行梦想储蓄时，应该遵从“先主后次”的原则，集中一切时间和财力做最重要的事，如果不论主次盲目投入，则可能本末倒置，因小失大。

将梦想分为短期、中期和长期，是为了灵活调度钱财、分配时间等，以缓补急。当然，这样做时，务必做到专款专用，有借有还，否则可能厚此薄彼，耽误一些梦想的实现。

第五步：拟定梦想计划表，开始“分流”行动。

现在，承载梦想之船远行的航道挖掘好了，尽管我把它叫作“池”，如果你愿意，也可以把它叫作河流、江海。但这“池”里的水，还需要我们去引入，一点点，从无到有，由少变多。

怎样才能有条不紊地“引水入池”？初级理财者，最好的办法就是拟定一份梦想计划表，把宏大的梦想细化为一个个可操作的具体目标，并把这些目标分步骤细化为总计划、年度计划、每月计划和周计划（或日计划）。有了梦想计划表后，分别从“战友储蓄池计划”“能量储蓄池计划”“资金储蓄池计划”几个方面分步骤“引水入池”。“梦想储蓄池”里的“水”就会一点点多起来。

最后，为了提醒自己和勉励自己，建议每达到一个目标，就在梦想计划表对应栏后面打“√”。这既是对自己的一种勉励，又是对自己的鞭策。

计划表上的“√”越多，说明你的梦想之船航行越远，离理想的彼岸越来越近了。

◇ 细分配，再分配 ◇

当然，一个好的“梦想储蓄池计划”，并不是你想怎样分配就怎样分配的。很多时候，由于理财经验有限、考虑不周，你的分配方案也许过于偏重自己的喜好，而忘了必要的均衡。

为使“梦想储蓄池计划”更好地进行，你的分配最好限定在一个合理的大框架之内，这样才不至于偏颇，疏忽了本该重视的地方。

那么，在生活中要怎样才能做到合理分配钱财呢？理财师给出的建议是六个字——细分配，再分配。

所谓细分配，即对自己的所得，要做一个分配计划，按照一定比例，分为开支、储蓄、投资三部分。开支，指包括房租、水电费、通信费、零花钱等在内的日常开销；储蓄，指在银行的活期、定期存款；投资，指把钱财投入到股票、基金、保险等理财项目中，以获得更大的收益或保障。

当然，由于每个人的实际不同，每月支出、存储和投资的比例可做灵活调节。收入高且未来没有买房等大额消费压力的，每月定额支出的比例可以适当上调，毕竟赚钱是为了更好的生活，花钱让自己生活得更有滋有味无可厚非。但即便如此，还是建议能严格控制此项支出，最高不要超过每月总收入的80%，以防日后有不时之需。

另外，对已然沦为房奴、车奴的工薪族而言，每月的定额还款已成为毫无弹性的支出，如滔滔江水不可阻止地流向银行。事已至此，50%的结余难保，但每月结余至少应保持在30%，否则生活中一旦产生别的意外开销，将无力应对。

再分配，是在第一次分配的基础上，通过二次分配，或对第一次分配的结果进行适当调整，对钱财的分配做进一步细化，以使分配更合理。

第一次分配时，我们已将每月收入分为支出、储蓄和投资三大块。接着，我们需要在这三大块下面做出进一步细分。

支出的细分，本书第三章“钱财有‘节’才有‘流’”一节中已有详细说明，分为五个步骤——

第一步：列出所有可能性支出，并做好归类。

第二步：以自己的可预计收入为参考，拟定本年度最低、最高预算。预算最好不要超过可预计收入总额的60%，也不应压得太低太苛刻也会影响生活质量，得不偿失；

第三步：准备A、B两张储蓄卡，在A卡中按最低预算存入本年度所需的各项开支总和，在B卡中存入本年度最高预算与最低预算之间的差额。

第四步：准备一个记账本，将每一项预算平均到月，定期查看账本，比较预算和实际支出，以此来督促自己更好地执行“节流计划”。

第五步：及时“冻结”理财成果，防止积累的财产在无形中流失。

如Cherry预计本年度工资收入12万元，各项支出预算总额为最低7.2万元（每月6000元），约占预计收入比例的60%；她的年度最高支出预算总额为9.6万元（每月8000元），约占预计总收入的80%。年初，她在A卡中一次性存入7.2万元，在B卡中存入2.4万元。平时，Cherry的日常开支能顺利控制在6000元之内，但4月份意外生病动手术花了5000元，这笔额外开支先从B卡中支取，后来Cherry趁暑期做了一个月兼职，赚回了5000元，于是她把5000元额外收入存入了B卡中，用以填补额外支出造成的损失。

一年下来，Cherry的实际支出总额为8万元，实际工资收入加奖金、额外收入总额约为14万元。支出占收入的实际比为57%左右。这样的理财效果已是很不错的。

不过，年收入14万元，一年支出8万元，剩下的6万元该怎么分配呢？对储蓄和投资进行二次分配，使未支出部分的钱财滚动起来。用钱赚钱，使钱为梦想和幸福生活服务，是理财的终极目标。

◇ 巧用钱财，多快好省 ◇

什么叫“巧用钱财，多快好省”？

多，是钱财会变多；快，是将理财步骤简单化，从而快速理财；好，是通过理财，让生活变得更加美好；省，巧妙理财，尽可能降低或说节省实现梦想的“成本”。

那么，怎样理财才能做到“巧用钱财，多快好省”呢？

这就需要我们了解一些身边最常见的理财产品。挖掘适合你自己的理财产品，将它与你的梦想结合起来，“多快好省”自然就会找上门。

一、定投基金。

对有点钱又没有太多钱、想理财又不想太麻烦的人来说，债券、存款收益太低，股票风险太大，想为未来养老、购房、子女教育等准备且让钱保值，可考虑购买定投基金。

定投基金灵活，方便，稳妥，省心，有“懒人理财”之称。

定投金额从几百到几千元不等，购买者可依据自身经济实力来决定定投额。由于投资时限长，定投基金具有自动逢低加码、逢高减码的功能，无论市场价格如何变化，它总能获得一个比较稳定的平均收益。不过，尽管定投基金风险较小，但在购买基金时仍不可盲目行事。如果你对基金市场不甚了解，那么在选择基金时，最好事先咨询一下专业理财顾问。一般建议购买公司实力雄厚、往期平均收益较高、走势平稳且购买者评价优良的基金。

购买定投基金的好处是：

（1）强制投资，以防理财意志薄弱者乱花钱；

（2）不会挤占太多现金流，从而给生活造成太大压力；

（3）收益平稳，可规避巨大风险带来的损失；

（4）积少成多，为未来生活打下良好的经济基础；

（5）克制消费，定期投资，使我们有条不紊地达到理财目的，避免操之过急。

二、子女教育、健康投资。

对很多家庭来说，孩子是家的中心。父母自己可以省吃俭用，但孩子身上的钱一分都不会少花：给孩子吃最好的、穿最好的；要是孩子哪里不舒服，马上送医院，好几百的专家挂号费也在所不惜；买学区房，让孩子上最好的学校；咬牙给孩子报各种兴趣班……

把一个孩子抚养成人究竟要花多少钱？

我想，很多父母都不知道。因为这几乎是一个无底洞，只要有条件，当父母的就会不断往里面填钱。

重视孩子的成长与教育是对的。但为了让孩子更好地成长就一定要亏待自己、一定要挤占家庭生活的其他开支吗？当然不是。

未雨绸缪，提前为孩子准备好教育资金、健康资金，如为孩子准备一张专门的教育资金卡，为孩子购买一些必要的教育基金等，可以让家长在给孩子花钱上更有计划、更理性，并且也可以防患于未然，通过商业保险这一杠杆来减少自身的风险。

少儿保险，如疾病险、寿险、平安保险、全能型保险等，很多都兼具保值、分红、保障三重功能，可帮助家庭缓解、减轻育儿养儿过程中的钱财压力，让生活多一份轻松与保障。

拿阿伦来说，她的儿子乐乐刚出生时体弱多病，经常生病住院，一年下来要花不少钱。为保证给乐乐有足够的钱看病，全家人省吃俭用，连买菜都专拣价格便宜的。这样的生活，过得实在是压抑又难受。

后来，在理财师的提议下，阿伦为乐乐购买了一份返还型住院医疗保障计划，保险金额为10万元。阿伦每月只需交费142元，共交15年（累积交费25560元），即可在合同生效后，在儿子2岁到70岁间，享受儿子住院津贴每天100元、重疾住院津贴每日200元、重症监护病房津贴每日400元（此三项累积不少过10万元）的补助；等乐乐70岁时，还可拿回全部所交保费的128%，即32804.35元；如果乐乐在18周岁前意外身故，阿伦交纳的保险费全部返还；如果乐乐在18周岁之后身故，阿伦将获得10万元的赔付额。

事实表明，这项少儿险为阿伦一家减轻了不少负担。目前，阿伦正在研究为乐乐买一份教育基金，以保障在未来十几年的时间内，能给乐乐提供充足的教育资金。

二、养老金计划。

人的一生，要经历从婴儿变成人，最后再迈入老年的阶段。

小的时候，有父母为我们撑起头顶的那片天，衣食无忧，没什么烦恼。

当我们长大成人，成为上有老下有小的“夹心层”，我们感到了肩头的重压，日复一日努力工作，只为让家人过得更好。虽然辛苦，但好在我们年轻，有能力扛起这一切。

对于上班族来说，单位为我们交的五险一金中就含有养老金，但随着社会老龄化，为了老来无忧，我们要趁年轻，为自己的养老生活购买一项双重保险，把养老保障纳入“储蓄池计划”，日积月累，几十年后就会有一笔丰厚的收入。

养老金储备的方式有很多种，可以通过购买基金、购买养老保险、定期储蓄等方式来实现。一般来说，为了使自己能够老年无忧，并以最少的投入获得未来最大的收益，建议采用组合型储蓄方式。如，你可以拿出每月结余的20%用于你的养老金储备计划。这20%的资金，有10%可以存为5年以上的定期，5%拿来购买养老基金，剩下的5%用来购买福寿两全型养老保险等。

◇ 为人生买一份三重保险 ◇

我们要想获得幸福的人生，最重要的就是身体健康。不管一个人事业有多成功，银行卡里存了多少钱，如果疾病缠身，那么很难拥有生活的乐趣。

为了治病，为了健康，多少人把一辈子，甚至全家几代人的钱财都砸进了医院。因病返贫的现象，生活中时有耳闻。

病，成了钱财的克星，也成了幸福的克星。

为了幸福，减小生病给生活造成的压力和损失，我们需要为生命购买一份三重保险。

第一重保险：定期体检，警惕小病，防患于未然。

体检，不只是走一下过场。我们应对自己的生命负责，每年花点小钱，为自己做一次全身体检，可以防患于未然。很多大病，都是由小病一点点发展成的，就是因为有些人觉得小病不重要，没什么大碍，或者舍不得花钱，于是不体检，对小病拖着不理不睬，不重视也不去治疗，才缓缓发展成了难以治愈的大病。小钱不花，将来就要花大钱；嫌治小病麻烦，等拖出大病就想治也治不好了。所以，定期体检，排查潜伏在体内的重疾，及时医治小病，才能为健康提供保障，也是为幸福提供保障。

第二重保障：为自己和家人至少购买一份医疗保险。

既然我们不知道和疾病什么时候到来，那么不如买一份医疗保险，以防患于未然。

■ **最基本的医疗保险——城镇职工医疗保险。**

城镇职工医疗保险是最普遍的医疗保险。一般用人单位都会为职员缴纳三险一金，其中有一险就是城镇职工医疗保险。当然，也会有一些不正规的企业，为了省钱，拒绝给员工买保险，他们可能会用这样的说辞：“你这么年轻，其实保险的钱交了也是白交，还不如一年多给你发些奖金。”

遇到这种情况，一定不要答应。这是一种短视行为。

虽然从眼下看，你一年多得了几千块钱奖金，但万一病灾降临，十年二十年的奖金也未必够用。

而且，就算不生大病，感冒发烧这些小痛小病，平时总会遇到吧？在医院就医，有医保卡和没有医保卡的差距还是非常大的。就拿挂号费来说，有医保卡挂号才一两块钱；没有医保卡挂号费就得十几元二十几元。药费、检查费等，更是差异巨大。虽然一次性的花销看起来不多，但全年累计起来却未必是个小数目，很可能这笔钱完全够买保险了。

而且最为重要的是，交了城镇职工医疗保险的人，退休之后也可享受医保服务；但没有交保险的人，退休后就只能自掏腰包看病了。而退休后的老年人往往最容易生病，最需要在看病上花钱，同时赚钱能力也最弱，甚至根本没有收入来源。没有医疗保险，将会使自己陷入非常被动的局面。

■ **基本医疗保险的第二选择——城镇居民医疗保险。**

当然，也不排除这样的情况：有些人属于自由职业者或个体户，没有可挂靠的单位，当然也没有单位为自己交三险一金了，同时又不想或没有条件在每年拿出一万多元来购买城镇职工医疗保险（这一险种目前必须跟养老金绑定在一起，因此额度较高），那么，这时一定要在户口管辖的社区居委会或社区为自己购买一份城镇居民医疗保险。

城镇居民医疗保险，是专门针对学生、离退休人员及无就业单位的城镇居民设立的医疗保险。具有个人缴费金额低、保险覆盖面广、报销门槛较低等优点，但报销比例较低。比较适合不想参加养老保险，只想参加医疗保险的人士。

购买城镇居民医疗保险的金额存在地区差异，一般每年在300元到1000元之间。优点是人人都负担得起；缺点是年度内累计报销额度不高，而且要每年续费，退休后也得继续缴费才能享受医疗优惠。

收入较低且不太稳定的创业者或自由职业者，可以考虑购买城镇居民医疗保险。

■ **基本医疗保险第三选择——灵活就业人员医疗保险。**

对具有居住地本市户籍的自由职业者来说，还可以参加灵活就业人员医疗保险。

灵活就业人员达到国家规定的退休年龄，且符合按月领取基本养老金和累计缴纳基本医疗保险费时间达到一定年限（男满25年，女满20年）条件的，自领取基本养老金之月起开始享受与用人单位退休人员相同的医疗待遇，并建立个人账户。

■ 保住财产的第二把锁——商业大病保险。

商业大病保险，是对基本医疗保险的一个补充。它就像医疗保险的第二把锁，可以让我们的医疗保险体系更加牢固。

我们之所以要购买商业大病保险，一则是城镇居民医疗保险和灵活就业人员医疗保险都需在户口所在地办理。鉴于“就近就医”的原则，这意味着你在A地参加保险，生病了就得回到A地就医治疗，否则报销流程就会很麻烦；而有不少商业大病报销，是一旦确诊就可赔付的，而且不限就医地点，全国各地都可以，非常方便。

二来，虽然对于日常小病，基本医疗保险完全够用，但若不幸患上需要一下子支付数十万元的大病，基本医疗保险就会不够用。而且对很多普通家庭来说，要一下子拿出数十万元，也非常困难。而一些商业大病保险，具有一旦确诊就一次性全款赔付的条约，而且很多基本医疗保险无法报销的进口药物等也都在理赔范围之内，这样就可在患病时大大缓解家庭的经济压力，同时也免除了治疗过程中因使用进口药物而造成的医疗负担。

第三，很多商业医疗保险，购买金额比基本医疗保险高，但保额也高。如果真的遇上大病，那么它的赔付额远不是基本医疗保险可比的。

市面上的商业保险险种繁多。各大保险公司和金融机构，如太平洋保险公司、新华人寿保险公司等，都会针对不同人群，推出各种类型的保险产品，如个人意外险、定期防癌疾病保险、重疾保障保险、大病保障计划等。其中，有很多产品都具有分红保值的功能。我们可以根据自己的经济情况、职业风险、被保人的身体状况等，有针对性地购买。

购买商业保险不一定只是花钱。有些红利型、保值型大病险、重疾险、意外险，不但在意外、疾病发生时能起到减轻负担的作用，还具有保值、储蓄功能。

而且，根据国家法律规定，有一些商业保险在被保人破产时不必拿来抵债（恶意逼债的除外），也是对财产的一种保护。

不过，在购买商业保险时，一定要通过正规渠道，在信誉良好的保险公司购买。而且购买时，一定要仔细阅读合同中的所有款项，尤其是保险公司的免责条款，以免掉进合同陷阱。

第三重保障：为自己和家人买一份意外险和人寿保险。

没有人愿意意外发生，但意外有时却不请自来。一个人，尤其是一个家庭的顶梁柱如果出了意外伤亡事故，这种沉重的打击往往不仅是精神上的；对家人来说，经济上的困难和垮塌，往往来得更快，更急，更持久，更加无力去应对。

为预防意外的发生，为自己和家人购买一份意外险和人寿保险，是对家庭成员爱与保护的表现。

◇ 好房不怕晚 ◇

有房才有家，有家才能安居乐业。

不过，在房子这件事上，我们却不禁要羡慕古人了：原始人在山上挖一个洞就可以居住，而且大家住得都差不多，也没人觉得简陋不堪；比我们早一两千年的古人，乡亲们搭把手修建一座土屋、木屋，住着也挺不错；可现在，城市里到处是现代设备一应俱全的摩天大楼，但高昂的房价却让很多年轻人望而却步，不禁要发出天问：“安得广厦千万间，大庇天下寒士俱欢颜？”

不过，想要有个自己的家真有这么难吗？

不然。

每个人的能力不同，赚钱能力当然也有高下。在理财时，我们必须承认这一点，人生目标要切实可行。拥有一处理想的住所是很多人诸多梦想中非常重要的一个，但跟其他所有梦想一样，我们很难一蹴而就，而应该放平心态，循序渐进、慢慢接近这个理想。若想一步到位，一定要买150平方米以上的大房子，要买紧贴名校的学区房，买附近银行、商场、超市一应俱全，而且还能闹中取静、交通便利的房子，那么当然会有巨大的压力。

大多数人都想拥有宽敞舒适的房子、地段好的房子。可一口吃不成胖子，什么都得一步一步来。

美国52%的首次购房者年龄超过30岁，德国初次购房或建房者的平均年龄高达42岁，比利时等一些欧洲国家的年轻人，大约在35岁以后才能积蓄起买房贷款的资本……这些发达国家的年轻人尚且如此，我们也不必非得工作三五年就想要买房。

只要有需求，房子总会有的。一批批年轻人要长大，他们也都需要买房。最佳的买房时机，不是房价跌入低谷的时候（如果这个时候你恰好没有钱，又何必为难自己把自己逼迫得压力重重），而是当你的储蓄和收入恰好能够上房价、还上房贷，不至于让你因为一套房子就活得痛苦的时候。

要想生活过得幸福、舒心，很多时候关键不在钱的多少，而在于生活的心态和策略。与其整天对难以企及的东西望眼欲穿，不如调整心态，在力所能及的范围内谋求触手可及的幸福。

买房不必心急，买不起房就租房，买不起大房子就先买一套小房子，目标由小到大、步步为营，生活自然会过得越来越好。

关于租房，本书第三章“穷也要安居”里已经做了分享。有爱的地方就有家，会租房，没钱也能住好房。

当然，租房不是长久之计，大家都希望有朝一日能拥有一套真正属于自己的房子。其实，这也不难，只要你不停留于空想，而是积极行动起来，房子总会有的，那个属于自己的家总会有的。

那么，对工资不高的普通白领来说，怎样才能买得起房呢？答案只有四个字——早做打算。

首先，买房要定点。未来打算在哪里定居，要心中有数。

有了定居目标，才能有的放矢。周围环境如何？房屋价位如何？楼市行情如何？什么时候下手合适？这些，都是买房前必须重点考察、长期关注的问题。

其次，把买房纳入“梦想储蓄池计划”，通过有计划地储蓄、投资购房基金等方式，为筹集买房首付款做好准备。

第三，住房公积金计划。交纳住房公积金有两大好处：一是强制储蓄，增加购房首付款。二是交纳公积金满一年可享受公积金贷款。同等的贷款额度，公积金贷款的利率比商业贷款的利率要低很多。

第四，过渡性住房。买房心急，超出自己的承受能力购房，会给家庭和自己造成极大负担；与其日后生活捉襟见肘，当可怜兮兮的房奴，不如放宽心态，从租房到购买过渡性住房，一步步慢慢来。所谓过渡性住房，就是在没有条件买到理想房子的情况下做出的中间选择，如经济适用房、限价房、酒店式公寓等。

我的一个朋友悠兰向来生活很从容，也像莫小白一样会过日子。5年前，她在杭州一个稍偏离市区的新开发区购买了一套酒店式公寓，结果招来一片反对声：

“才60平方米，将来有了孩子怎么住啊？”

“水电费都按商用的算，也太不划算了！”

“5000元一平方米的价格虽然只有住宅的一半，可产权才30年，不划算！”

“关键还是无法落户，小孩上学都成问题。”

这些反对的声音当然都是出于好意。

悠兰没有急于反驳，也没有因此动摇自己的决心，因为她心中有一本明账。

一、这只是作为过渡性住房。即使将来有了孩子，在这里住到孩子临上小学完全没问题。这意味着她和丈夫有将近10年来为购买理想的房子做准备。

二、水电费只是小钱，哪怕多出一倍，每月也只是多花几十块钱，总比住在远离商业区，天天打车上下班强。

三、如果有足够的钱，当然选择一步到位；但目前条件不上不下，既然无法做到最优，那就选择次优。花30万元购买一套公寓住30年，相当于年租金才1万元，而同样大小的房子，市场年租金为3万~5万，还得考虑租金上涨、中途被退租等情况。而且不管怎么说，酒店式公寓小是小，那也是自己的家。且买房送精装修，这对迫切希望有个小家的悠兰来说，是可以实现的最优选择。

四、从这套公寓的前景来看，附近要通地铁，几年后将会成为一个新商圈。把过渡性住房安在这里，升值空间大。

现在，悠兰和丈夫通过努力，终于攒够了买大房子的首付。由于地处商圈，酒店式公寓租金大涨，悠兰没有把它卖掉，而是把它当作一只下金蛋的鹅，一边用由此获得的每月租金支付买大房子的贷款，一边等待公寓继续升值。她和丈夫轻轻松松工作、生活，享受着从容的快乐。

所以，不必心急，摆正心态慢慢来，只要有计划，有打算，好房自会拥有的。

◇ 对待股票要认真，更要理性 ◇

投资股票，是一项高收益理财，同时也存在高风险。尤其在2008年金融危机后，全世界股市持续低迷，无数股民深套其中，惹得不少人对投资股票的信心大跌，甚至觉得买股票就是撞大运，跟买彩票一样不靠谱。

站在股民的角度，本来巴望着把钱砸进股市，想把金蛋孵成一群会下金蛋的鹅，不料负责孵蛋的母鹅性情多变，孵鹅不成蛋被砸，那种失望、伤心、懊悔与灰心自不必说。不过，客观来说，股票绝非洪水猛兽，相反，它本来就是下金蛋的神鹅，只是这只鹅性情古怪，不太愿意按常规出牌，如果你摸不准它的脾性，不了解股票和股市的变化趋势，随人亦步亦趋，盲目投资又急于求成，宝马车进去，自行车出来就在所难免了。

那么，股票这只“鹅”究竟有什么脾性？又怎样才能让它为你下金蛋呢？

首先，股票是只性情多变的“鹅”。今天吃你100元，明天未必就乖乖下蛋。会不会下蛋，什么时候下蛋，下多大的蛋，总是很难预计，而且变化方向总是超出人们的预期——这就是股票的风险所在，而且这种风险不可把控。

正因如此，初试水者在投资股票时，必须慎之又慎，如果没有百分之百的把握，最好不要一下投入太多，而应抱着“试试看”“就当拿钱打水漂”的心态来投资。如果能够这样，那么即便今天投入的100元不久后大大缩水为30元，你也只是花钱经历了一场有惊无险的游戏，不至于因此伤心、急躁，甚至影响到正常生活。这也许正是炒股又被称为“玩股票”的缘故吧。

第二，在投资心态上，我们只当玩玩，不必太当真；但在投资策略上，我们应该审慎地选择优质股来投资。毕竟，买卖股票是一项投资行为，你的目的是赚钱而不是赔钱。股神巴菲特就经常告诫广大股民：“投资的第一条准则是不要赔钱；第二条准则是永远不要忘记第一条。”谁也不希望投入股市的100元两天后缩水为30元，因此，与其在投资缩水后叹息、懊悔，不如一开始就找一只前景看好的优质股来投资。

第三，尽管人人都想选择一只优质股，但在实际操作中，人们却很容易被从众心理所迷惑，大家投资什么我就跟着投资什么，以为跟着多数人一定不会吃亏，而股市的规律，则恰恰是多数人被套牢，少数人在赚钱。在选择优质股上，大多数人的意见未必是对的，我们需要培养自己的判断力，敏锐地从众多股票中挑选出那些有前景的、增长性良好的股票。

那么，怎样才能找到具有前景、增长性良好的股票呢？

别被一些公司宣传的表面收益所迷惑。

股票的涨跌往往与公司的效益挂钩。一般，公司效益越好，股票增长前景就越好。但效益不等于收益。瘦死的骆驼比马大，一家规模庞大的老牌公司，它的年股本收益也许名列前茅，但收益率却很可能是下降的。因此，在投资股票时，千万不要被表面化的高收益额迷惑，而应该看一看它的收益率究竟如何。股神巴菲特在投资股票时，就一向注重公司的股本收益率，他的投资原则是，公司的股本收益率应不低于15%。

少看过去多看未来。

在投资股票方面，绝大多数人都看重一个公司的现在与过去。那些大牌的、过去多年来一直收益稳定的公司会成为人们投资的首选。而包括巴菲特在内的很多投资高手，则是艺高人胆大，敢于投资一些刚刚起步的小公司，因为他们看到了这些小公司广阔的发展前景。

这好比你在一个市场上买鹅，共有两只鹅，一只鹅是实力老将，但也面临走向衰老的问题，过去虽辉煌，未来还能为你下几个蛋就不好说了；第二只鹅是年轻新秀，但它究竟是不是会下蛋的好鹅，需要你自己去判断。你更愿意买哪一只鹅呢？

学会判断，选择投资未来5~20年中具有极大增长性的潜力股，你就是未来的赢家。

第四，要成为投资股票大赢家，就得有魄力与胆识。如果你养了一群鹅，不清楚哪只鹅会下金蛋，于是在喂鹅时平均分配，大家都有粮吃，但都吃不饱。这样固然不会把会下金蛋的鹅饿死，但它会营养不良，不可能生下多大的金蛋。

投资需要魄力。将投资额平均分配的策略固然安全，但太过保守，收益有限。要想在股票投资上获取高回报，最好有所偏重，把预算中的投资额拿出大部分来投资那些你最看好的几只股票，留一小部分来投资其他。在投资上有偏重、适当冒险，在盈利时才会有惊喜。

第五，由于股票这只“鹅”不按常规出牌，所以在选“鹅”、养“鹅”时，一定要有耐心，做到不稳不买，不赚不甩。当你的面前有一群“鹅”，而你又不确定哪只“鹅”具有下金蛋的潜质时，那么宁可把现金拿在手里，稳当压倒一切，切不可心浮气躁，随便出手，否则很可能白白损失钱财。如果你看好一只“鹅”，那就悉心照料它，耐心等候它，不要因为空等了三两天不见它下金蛋就宰杀或转卖它。刚买进一只股票，就期望它第二天上涨的念头是愚蠢的。在股市中缺乏淡定，急功近利，一时受挫或得不到回报就频频换手、抛甩股票，就可能错失良机，将发财的机会拱手让给别人。

第六，一定要懂得见好就收，不要贪婪。见好就收是一种智慧。当你的股票市值从500元涨到1000元时，如果这时及时抛售出去，那么你就稳赚了500元，然后再拿收益所得去投资另一只具有升值潜力的股票，你将一本万利。而如果在股票牛市期间不及时抽身，还巴望着它能一直从1000元涨到2000元甚至更高，一旦股市下跌，你将措手不及，不说本可揽入腰包的收益化成了泡影，很可能连本金也难以收回。

◇ 做一个聪明的投资人 ◇

我有两位大学老师，一位是经济学博士，另一位是哲学博士，他们俩都是资深股民。有意思的是，经济学老师炒股经常被套牢，哲学老师却常常赚得盆满钵满。为什么会这样呢？

美国著名投资人巴菲特曾写过一本书，叫《聪明的投资人》。

何为聪明的投资人呢？

巴菲特说："我们愿意无限期地持有一只股票，只要我们预期公司能以令人满意的速度提升内在价值。当投资的时候，我们将自己视为企业分析师——而不是市场分析师，不是宏观经济分析师，甚至不是证券分析师。"

这句话是什么意思呢？

简言之，就是在投资时，我们不要被市场牵着鼻子走，投资对象本身的价值才是我们应当看重的。在巴菲特看来，市场是一个脾气阴晴不定的"市场先生"，就拿一家上市公司的股票来说，它在市场上的表现，有时价格虚高，高出了它本身的价值；有时的价格又可能大大被低估。

因此，作为聪明的投资人，应当对一家企业的前景有一个自己的判断和预估，并利用市场的"阴晴不定"来为自己服务。当市场低估了一家企业的价值时，不要认为持有这家企业的股票是损失；恰恰相反，它为我们创造了以便宜的价格购买更多股票的机会。终有一天市场会回归理性，到那时，你就成了其他投资者羡慕的“先知”。而相反，如果市场高估了企业的价值，那么我们将持有的一部分股票趁高价卖出去，并用所得购买更具升值潜力的股票。

除了利用市场价值和企业实际价值的偏差来巧妙投资，聪明的投资人还应当避免鲁莽地不停买卖。如果我们投资的公司业务清晰且持续保持优秀，那么我们不该因为股票上涨就急于抛出。

为什么要急于卖掉一只已经被证明的绩优股，然后耗费时间和精力重新去购买一只前景尚不明确、投资收益率也未必更高的股票呢？意义何在呢？

股神巴菲特说：“钱会从活跃者手里流向耐心者手中。”因为每个人都精力有限，而且即便是世界上的顶尖投资者，也不可能聪明到能准确估计到每一家平庸公司的价值的升降，并从中获得丰厚的回报。

因此，与其在那些前景不明朗的各种公司间跳来跳去，倒不如钟情于其中一两家优秀的公司，长期持有它们的股票。这种长期投资的战略很难让你成为“暴发户”（有些人指望投资股票让自己一夜间资产翻倍），但它带来的收益稳定而持久。

◇ 在别人的怨言中寻觅商机 ◇

真正的财务自由，不是你能赚许多钱，而是当你不工作时，你依然可以获得生活所需的钱财——这些钱财，来自资产产生的利息。

资产是会下金蛋的“鹅”，它产生利息，有增值空间，可通过租赁、转卖等运作产生利润。

不过，在投资的时候，一定要清楚资产项与负债项之间的区别。

如果一件东西买来后无法升值只会贬值，无法创造利润，那么它就是负债项。如一处房产，如果自己使用，就是负债，因为它是刚需，你无法出租它、转卖它而获利；但如果你有别的住处，买的这处房产就是等着升值或用来赚租金的，它就是资产项了，资产项为我们创收。

生活中的资产项有很多。有人说：“哪里多？我怎么就瞧不见？”

瞧不见不等于没有，只因你缺乏找到一项良好资产的办法罢了。而要找到一项良好的投资，并不见得有多难。所谓“有需求就有市场”，到别人抱怨的地方去寻求商机，是一个绝佳的办法。

价值在交换中产生。交换意味着对方有需求。而抱怨，则正是因为人们的需求没有得到满足。

从人们的抱怨中去寻找商机与投资机会，难道不正是最聪明便捷的方法与途径吗？

有句话叫“成功无法复制”。别人都在走的路，一窝蜂都在抢的东西，作为新手，就别去凑热闹了。因为这个行业已经很成熟了，成熟意味着准入门槛高、竞争激烈、机会少，你挤进去开辟新天地的空间小。

与其因循守旧，专门跟风走被别人踏烂的老路，不如于无处寻有，学会另辟蹊径，从别人的抱怨中去发现新的需求与市场。这也是很多成功投资人屡试不爽的理财、投资妙招。

如罗伯特·清崎，有一次，一位朋友来到他家，给他列举了所有数据以说明为什么在即将到来的几年里油价会趋于上涨。这位朋友对油价上涨感到忧心忡忡，而罗伯特·清崎却没有跟着他抱怨，而是立即开始寻找与石油相关的投资项目。很快，他找到了一家新的价值被低估了的石油公司，并在不久后买下了它65%的股份，共1.5万股。

几个月后，油价果然开始上涨，并且涨幅几乎达到了15%。一天，当罗伯特·清崎和这位朋友一起驾车经过同一座加油站，他的朋友为涨幅过快且未来还将持续上涨的油价抱怨个不停，而罗伯特·清崎却笑了。因为石油价格的连续上涨，使他的股票价格大涨，给他带来了丰厚的收益。

生活就是这样，有些人遇到“不好”只知道抱怨，却不知道分析现状，他们的思维是封闭的，不停的抱怨只会使他们变得牢骚满腹、喋喋不休，除此没有任何好处。

但聪明人不爱抱怨，他们喜欢聆听抱怨，并善于从别人的抱怨中发现商机。

6

CHAPTER

第六章

要幸福，就要会理财

不管是克制不住想要花钱，还是被钱魔迷住舍不得花钱，都是理财的毒瘤。一旦你的体内产生了不利于或反对梦想实现的心理引力，千万不要纵容它来操纵你的行为。

不妨逼自己一把，狠狠心，一刀割掉那个在心头疯长的毒瘤。割掉之后，你会发现其实并不痛，并且纠结过去了，梦想会实现，幸福和美好会到来。

◇ 良好的起点，是成功的跳板 ◇

莫小白从学校毕业后，在社会上摸爬滚打多年，用自己丰富的实践经验，写就了一部如何从草根“月光女”修炼成理财达人的宝典。

这部理财宝典，易于效法，便于操作，适用于大多数想拥有更多钱财、想过得优雅无忧的年轻女白领。因为，莫小白就曾与很多人一样，拿过微薄薪水，为赚钱苦过、累过，为缺钱发过愁，为找不到赚钱的门路失眠过，也为投资失败掉过眼泪。

莫小白刚毕业时，用她自己的话说，其实“很失败”。的确，那一年她考研失利，考公务员失利，与相恋多年的男友分手，工作没着落，手头缺钱，又面临一个人承担高昂房租的压力——各种不好的事情加在一起，对她来说打击不小。

后来，在投出简历一个多月后，小白终于接到了一个录用通知，去远在大兴郊区的一家食品加工厂做人力资源，底薪2000元。2000元，对心高气傲、从名校毕业的小白来说难以接受。但莫小白一则是迫于生计，急于赚钱来支付房租，二则也是认为只要自己好好干，让老板看到自己的价值，加薪这事儿好商量，因此接受了这份工作。

为了这份工作，莫小白需要每天五点多早早起床，收拾完毕后六点左右出门，乘公交、坐地铁，花费两三个钟头才能到达工厂。第一天到工厂一看，莫小白发现实际情况比她预想的还要糟糕：工厂小而脏乱，员工们干活懒洋洋的，不知是因为太辛苦还是不喜欢这份工作，一个个板着脸，使气氛显得很压抑，而且，整个工厂只有她一个是大学生，她几乎找不到一个可以说话的人；工厂里吵吵嚷嚷，办公室简陋无比，公司给她配置的电脑还是用了几年的旧款式，工厂四周是农田和荒野，没有银行，没有超市，没有街道，甚至连住户都没有——莫小白像被困在一个与外界隔绝的。事后回忆起来，她仍忍不住感慨："我真不明白怎么会去这么个偏僻的地方！"

每天早晨蹬着自行车去公交车站，然后换乘地铁和公交车，到站后还得走十几分钟才能到达公司。到了公司之后，她一个人在办公室，用老旧的电脑为公司"创建公司制度""撰写产品宣传文案"，有时还要"设计产品包装袋"——这些都是老板交给她的任务。因为老板说："你是大学生，是我们公司里最有学问的，这些应该都会。"

莫小白当然不是"都会"。但就奔着老板那句"你是大学生，是我们公司里最有学问的"，她硬着头皮把所有工作都揽了下来。此外，她还自告奋勇，觉得公司应该借助新媒体，建立一个微信公众号来宣传产品。

最初半个月，虽然辛苦，每天累得像狗，莫小白却像打了鸡血，热情饱满，精力充沛。当时她的内心对自己的职业充满美好憧憬：她通过努力，大幅提高了公司的企业形象和销售业绩；她自己也得到了极大的成长，不但成了公司里最受老板器重的红人，还渐渐在业界变得小有名气……

但这美梦，被发生在一天早晨的一件事打破了。

那天两名女员工气势汹汹地闯进办公室，大声质问莫小白："你不是管事的吗？什么时候给我们发工资呀？"

发工资？

发工资的事，老板可没交给莫小白。莫小白仔细询问了一番，才知道许多员工已经连续三个月没有拿到全额工资了，那天又是发工资的日子，可他们谁也没有收到工资。而且，莫小白还了解到原来他们都没有保险和养老金！

下班回家的路上，莫小白难过得哭了。为那些可怜的员工，也为自己晦暗的前程。她意识到老板从头到尾都在对她撒谎，意识到为这样一个老板效力根本没有前途和出路。

痛定思痛，莫小白果断辞职，结束了职业生涯中的第一份工作。

在现实生活中，其实作为初入职场的年轻人，有不少人也跟莫小白一样，找的第一份工作并不理想。在求职过程中，试错是一个难免的过程，但如果我们掌握如下几点求职技巧，就能少走弯路，以最快的速度找到理想工作，让自己的职业生涯有一个良好的起点。

一、如果你有能力，并渴望稳定且不错的收入，渴望有舒适的工作环境及高素质的同事，并对创业没有多少热情，那么最好选择与自己的兴趣与专业相匹配的大公司上班。最好是业内知名的大公司。因为只有大公司，才有能力提供这些。你可以凭借自己的能力或资历在大公司里慢慢等待升职加薪，进而过上理想的生活。

二、如果你渴望挑战，但自身又不具备创业的条件，那么不妨找一家与自己的理念不谋而合的创业型公司。理由是：一来，创业型公司最初员工较少，因此每个岗位都很重要，只要勤奋耕耘，把自己这块业务做精做强，则有望随着公司的扩张和发展，迅速成长为部门主管——而这，不论是将来考虑跳槽，还是继续留在公司，对升职加薪都是大有裨益的。二来，由于刚刚起步，创业型公司会面临很多挑战，如果能成功突破这些挑战，那么个人能力将得到极大提升。三来，尽管创业型公司给出的待遇往往不及大公司高，但公司通常会用原始股作为对最初进公司尤其对公司有重大贡献的老员工的奖励，如果公司发展势头良好，将来上市，原始股价值大大增加，那么就是持有原始股的“老家伙”笑得合不拢嘴的时候了。

三、在选择创业型公司的时候必须擦亮眼睛。管理学中有一个有趣的比喻：一头狮子带领的羊群可以击败一头羊带领的狮群。说的是对一个企业来说，灵魂人物至关重要。

企业的老板是一个怎样的人？他的领导力如何？他对企业的愿景是否清晰？他的为人和脾气如何？他的执行能力怎样？他在业内的口碑怎样？这些，都是我们找工作前需要做的功课。一个优秀的企业领导人，必须具有正直的人品，清晰的企业发展思路，强有力的领导力，又不独断专行而是能听得进他人的意见和建议；同时，在创业之前，他肯定做出过一些骄人的成绩。跟着这样一个领导，他的下属也一定是目标清晰且干劲十足的，整个公司的氛围应该是团结而积极向上的。

而这些信息，除了可以在网络上查询，也可以通过企业员工的表现（比如招聘你的人力资源对人的态度）、企业的招聘启事、老板或部门领导面试你时的言行细节来综合判断。总之，只要你想了解，总会有办法。

莫小白的第一份工作之所以不理想，就是她在找工作时忽略了对公司和公司老板的考察。好的是，虽然由于缺乏经验，莫小白踩了找工作的雷，但她及时发觉，及时止损，并没有让自己在错误的地方耗费太多时间和精力。

◇ 我投资，所以我收获 ◇

辞职就意味着失去收入。好在房东体谅莫小白的难处，答应她晚几个月再交房租，莫小白这才渡过了毕业后遇到的第一个难关。

从第一份工作中吸取了教训，莫小白开始思考自己长远的职业规划：自己喜欢做什么？擅长做什么？期望得到怎样的生活？在理清思路之后，她专心研究起各大出版社的招聘公告，并做了大量功课，有针对性地制作了一份漂亮、诚恳又内容翔实的简历，一家一家投递。

功夫不负有心人，经过多轮面试后，莫小白终于如愿以偿，得到了一份编辑的工作。莫小白第一年的薪资不算高，但出版社有着一套完善的加薪和激励制度，这让莫小白充满了干劲。

不过，找到稳定又心仪的工作之后，莫小白的生活并没有一帆风顺。一下翻了数倍的月薪让莫小白有种暴发户的感觉，大大刺激了她的购买欲。每个周末，就成了她的购物狂欢节，她常常约上几个年纪差不多的新同事一起去商场购物，即便窝在家里也是手机不离手，随时都在网购。

买买买，是很多初入职场的年轻人的通病。的确，生活中有不少需要花钱的地方，女孩子也需要为自己爱美、追赶潮流付出不少成本，但当莫小白在上班的最初几个月里将最新款手机、崭新的笔记本电脑以及为不久后的旅行计划所准备的帐篷、睡袋、望远镜等户外装备买到手，同时也终于有了一些像样的漂亮衣服和包时，有一天，她突然发现她所有的积蓄，加上下个月的工资及绩效收入，已远远不够支付她刷信用卡欠下的账单。

和那些陷入了债务泥潭却无力偿还的年轻人一样，莫小白最终走上了同时申请多张信用卡，然后拆东墙补西墙的道路。

但借来的东西总是要还的。当债务累积到过万元，当原本就不多的积蓄被挥霍殆尽，当下个月的收入还不够偿还债务时，莫小白只好申请分期还款，并在随后好几个月的时间内不得不为偿还信用卡、支付房租而节衣缩食——那一阵，正是莫小白的人生低谷，是她艰辛的“月光”“卡奴”的岁月。

祸不单行，正当小白钱财吃紧时，妈妈生了一场重病，要进医院做手术。手术费要十几万，莫小白的家庭条件一般，一下子拿不出这么多钱。家里急用钱，自己却拿不出钱来帮助父母，让莫小白很内疚，很难过。直到这时，她才觉悟到攒钱的重要性。

可是，要怎样才能攒下钱来？

妈妈身体不好，即便动完手术也要继续吃药；小白自己又一时难以戒掉爱购物的瘾，再说，出来工作，穿衣打扮也要注意；朋友之间礼尚往来开销也不小；吃喝上又省不下几个钱；收入一时半会儿难以提高（绩效奖和业绩提成一年一发）……小白算来算去，总觉得钱不够花。她那一个月区区几千的工资，勉强能维持已经不错了，根本不可能有结余。

就在一筹莫展时，她在一次出差途中遇到了理财师韩女士。韩女士后来成了小白的作者，并成功帮小白走出了财务困境。于是，就有了毕业第三年那个平安夜光鲜亮丽的小白。

“要让生活更自在，就要学会理财。”这是小白经常对我们说的口头禅。

理财改变了莫小白的生活。三年前，莫小白还跟许多人一样，是个地地道道的月光族；可三年后，她却过得丰富多彩。

那么，“莫小白”的财是怎么来的呢？

首先，当然离不开节省。节流，永远都是理财的第一步。而节流的关键并非把各方面支出压到最低，甚至为了攒钱不惜牺牲生活品质。节流有许多小窍门，这一点，本书的第三章已经详细介绍过了。

其次，要成为理财达人，最重要的，还是得学会赚钱。对莫小白来说，耗费周末时间去做每天赚一百块的兼职工作，虽然劳务日结，来钱快，但从长远来看对自我成长没多大意义。她的策略是将全部精力花在自己的本职工作上，努力在一年中做出几本畅销的好书，这样她不仅可以拿到一笔丰厚的奖金，同时也是一种工作成果的积累。

第三，要会自我投资。莫小白没有像很多年轻人那样，稍微有点闲钱就赶紧投进股市里，而是非常聪明地用这笔钱来投资自己。

那么，莫小白是怎么自我投资的呢？

所谓自我投资，说白了就是投资我之所好、我之理想。

当你有了一笔小小的积蓄，却不知道该花在哪方面时，不妨先问问自己："你最想要的生活是什么？"也就是理清梦想，然后建立一套适合自己的"梦想储蓄池计划"，去追求梦想，你就已经在创立一套自我投资的方案了。

投资梦想，投资自我，就是投资未来，投资可靠的幸福。

对于这一点，莫小白具体是这么做的：

一、列出梦想清单，为每一个梦想建立一个账户。

二、做好年度规划，预算年度收入，按照6∶3∶2的比例，制定年度消费与储蓄、投资计划。

三、每月工资日将工资卡清零。根据消费预算，将卡内

50%~60%的收入留作每月的消费。其中70%~80%存入A卡，存活期，用作日常开销；另外20%~30%存入B卡，存活期，作为预备金。消费时坚持“节流计划”，采用各种方式节省支出。如果日常消费超出A卡内预算，首先考虑创收来支付额外账单；当情况紧急或数额较大无法通过创收来弥补时，再启用B卡中的预备金，日后有了额外收入、奖金等再补上B卡中被使用的金额。B卡中结余部分，每月由活期转为定期，及时储蓄起来。

每月工资日，工资卡清零后剩下的40%~50%的钱财，按6∶4的分配比例，分别用作储蓄和投资。

（一）储蓄。分梦想进行储蓄，并将储蓄分为短期（1~2年）、中期（3~5年）、长期（5年以上）3类。小白在储蓄时有3个诀窍：

（1）每一笔存款的额度一般以“1万元”为单位，这样做，可避免在紧急情况下需动用未到期存款时牵一发而动全身，为拿出其中的1万元而连累其余存款的利率遭受损失。

（2）办理U盾，开通网上银行，可节省大量去银行排队的时间。并在储蓄时设定“自动约转”功能，这样，每一笔储蓄到期后就会自动转存，不会因为疏于管理而耽误利息收入。

（3）为不同梦想所做的储蓄，将卡或存单分别装在写着具体梦想的信封上，一来可以不断提醒自己专款专用，二来也可以在每次看到信封时，加深自己为梦想储蓄的决心。

（二）投资。莫小白的投资分为基金、股票和分红型商业保险3大类，所占比例分别约占投资总金额的40%、30%、30%。定投基金是莫小白为10年内买房准备的，股票是莫小白养着的一只会在未来下金蛋的“鹅”，而莫小白为父母及自己购买的可分期定投的人寿保险和定投养老保险，则是作为对未来意外风险的抵御，及对未来无忧生活的养老金计划的补充。

用图标表示，莫小白的整体理财思路大致如下：

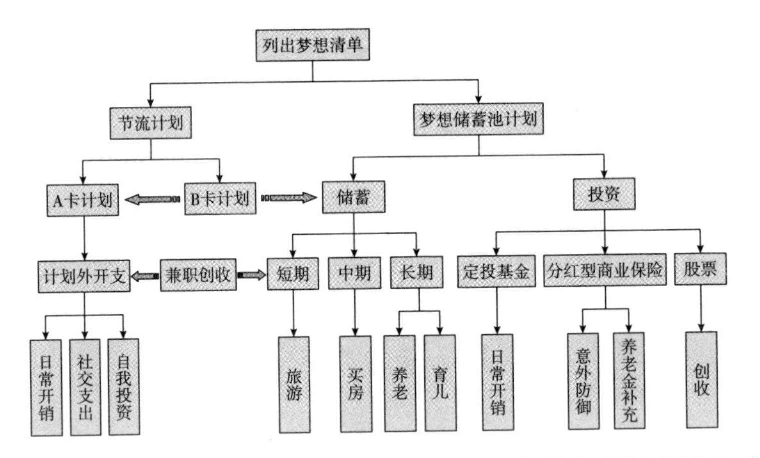

随着生活的改变，我们的理想与人生计划也会随之发生改变。但不管怎么变，人生中有一些东西是不会变的，那就是我们每个人都在追求幸福与美好，都走在从一个梦想奔向另一个梦想的旅途中。

这些年来，莫小白的梦想也在不停发生变化。一开始，她的梦想是能租一个大单间，拥有一份稳定且收入还不错的工作，有余钱畅游全国。如今，通过努力生活与卓有成效的理财，这些梦想都实现了。

后来，她又有了新的梦想。她想在北京为自己买一套面积80平方米以上的房子，想获得一份更自由、更具创造性且薪资更高的工作，想每年能有一次出国旅行，想为30年后的养老生活准备充足的资金，给父母更多零花钱，为将来育儿提前做一些准备，并希望能在40岁之前实现环游世界的梦想……

为此，莫小白又进一步丰富了她的“梦想储蓄池”计划，并调整了储蓄与投资的侧重点。此外，她每年都会在上一年的预算外资金（也就是额外收入）中，拿出1万元左右用来投资自己，提升专业技能，拓展兴趣爱好。

这种持续的学习，也就是自我投资，如今已经开始逐步彰显出可喜的效果。

如今，莫小白已经在事业上小有成就——她是一家大型出版公司部门主管，策划了多本市场反响强烈的畅销书；她在寸土寸金的北京拥有两套房子，一套已经全额付清，所得的租金恰好够支付另一套更大的房子的贷款；此外，莫小白还在职读了研究生，努力提高自己的专业素养……

女人有财才会独立；独立的女人，有着一种别致的美和魅力。

财务独立、有着一份属于自己的成功的小白，优雅，淡定，从容，通过理财，活成了同龄人羡慕的对象。

莫小白的成功与幸福我们无法复制，但她的节流之道、理财之道，我们却可以学习、效仿。

念念不忘，必有回响。

只要我们时刻不忘理财，用心去理财，那么人人都可以收获属于自己的成功与幸福生活。莫小白可以，我可以，你也可以。

◇ 用钱赚钱，要胆大心细 ◇

那么，莫小白的成功是怎么来的呢？

靠勤奋，靠努力，靠理财投资时知道怎么掌握火候，做到胆大心细。

莫小白曾经操作过一本热销百万册的畅销书，这本书为她带来了比一年工资高好几倍的奖金收入，此外也为她更好地发展事业奠定了一个坚实的台阶。

当这本书热销时，嫉妒小白的人都说，小白之所以成功，靠的完全是运气。

运气？

也许有那么一点点。但是，如果这些人知道小白为这本书付出了多少，就不会这么说了。

对于这本书，小白曾为想出一个好书名和几句好的封面文案彻夜失眠，也曾为抓紧时间赶在计划内拿出策划方案通宵达旦，她曾为琢磨一个有吸引力的营销创意废寝忘食，也曾为把书中的文字打磨得更加精美而加班加点亲自操刀，为一个极小的细节反复琢磨、改来改去，不厌其烦询问不同人的意见。为了那本书，那几个月，莫小白熬出了很大的黑眼圈，原本就瘦小的她体重在一个月内减了好几斤，她因为久坐不动引起了颈椎病复发，还因为经常熬夜和不按时吃饭伤了自己的肠胃——而这一切，那些嫉妒她的人是不会知道的。

更值得一提的是，作为一名编辑，花这么大力气把书稿打磨好就已经非常不错了。但莫小白不是这样，为了自己的劳动成果能获得市场应有的回馈，她居然还自掏腰包默默做了很多宣传和营销工作。

我总说莫小白是工作狂，为了工作可以不要命，不心疼钱。

莫小白却笑着说："我又不傻。与其累死累活一年做几十本自己都不会买的书，还不如抓住一本真正有价值的好书重点做，把它的优点亮点最大化！种瓜得瓜，种豆得豆，我的付出不是为了别人，正是为了我自己。"

是啊，书畅销了，事业上取得了成就，获得了领导和同事的认可，自己的收入增加的同时还积累了宝贵的经验——这不正是为了自己吗？

对陌生事物保持谨慎，对不满意的状态耐心调整，对看好的事情全力出击，这是小白做事的一贯风格。除了工作，莫小白在别的方面也是如此。

如买卖股票，她从不盲目跟风，总能冷静克制，对目标范围内的股票逐一进行仔细考察，然后选择自己最看好的那只，重磅出击。有人劝她"别把所有鸡蛋都装在一个篮子里"，小白却淡定地回答："放心。股神巴菲特告诫我们要胆大心细。前面心细了，后面胆大不会亏的。"她就是这么自信。

事实证明，胆大心细是对的。别看小白不是金融学的科班出身，前几年她还真靠几只股票赚了一笔钱。不过由于处在试水阶段，小白不敢一下投资太多，因此赚得有限。

“小赚也是赚，至少没亏损。”小白乐呵呵地抽出本金，然后把赚来的钱投进股市。

◇ 青春无所惧 ◇

在投资理财上，很多人往往抱着保守态度：要么不投资，投资了就一定要赚钱；如果不赚钱，则宁可不投资。然而，天底下哪有只赚不赔的生意。

想赢就要输得起，这就是人生规则。

在投资这一点上，莫小白是个不怕赔的人。

“失去就是得到。今天赔了钱是交学费，明天就会赚回来。”她总是这么说。

莫小白最大的投资项目，就是她自己做的书。为了推销她的书，莫小白没少请人吃饭，有时组织营销活动经费不足，还不惜自掏腰包。尽管莫小白很努力、很敬业，但成败往往不是一个人可以掌控的，虽然花了大量的精力和金钱，吃力不讨好的事情莫小白也遇到过。有些书销售业绩不佳，莫小白拿到的奖金远不及她的投入。对此，莫小白毫无怨言。

“失败买教训啊！有些经验只有通过亲身体验才能得到积

累。如果没有这些失败，下一次你还是不知道怎样会失败，怎样会成功。这样，就永远不会成功。”

莫小白说得有道理。并非所有的事情都有人教你该怎么去做。有时候，一个人只有亲身经历失败，才会领悟更接近成功的方法。在成为百万畅销书编辑之前，莫小白默默无闻了两年。前两年，是莫小白不断试错的两年，鲜有成功案例，但所有失败并非真正的失败，因为它们最终让莫小白找到了成功之路，而且一旦摸到成功之门，取得成功就不会太难。

有些人会觉得，人们做事之所以会失败，在于事先准备不足，于是总想等积累了充足经验之后再行动。可问题是，如果你今天不行动，明天不行动，那么将永远缺乏经验，因为经验只能在实践中获得、在失败中获得。等待不会使你得到更多经验，只会使你丧失更多时机。

我有两个儿时的朋友，几年前一起来北京创业，都想做服装生意。

一个天生胆小，像很多人那样总想一切准备稳妥之后再创业。20岁背井离乡孤身来北京，她手里没几个钱。她觉得得有一定的创业基金，于是选择先在一家服装店给人打工，月薪2000多元，温饱不愁，略有结余。

五年后，她省吃俭用，手头终于攒够了十几万创业基金。但此时店铺租金大涨，十几万元拿来投资一个店铺紧紧巴巴。于是她想：“再攒几年吧。”于是，她继续为别人打工，辛辛苦苦攒着钱，一个月工资从2000元涨到了3000元，但生活起来依然紧张。

而我那个胆大的朋友呢，一开始也是没钱。但她才不想等，既然打定主意做生意，那就借钱先开张。她从亲友处借了2万元起家，租了一块巴掌大的地方，当起了小老板。虽然一开始店小，顾客少，一个月收支相抵没有盈利，甚至还亏钱，连吃饭的钱都没有了。

当时，她也灰心过，觉得自己很失败。但她没有放弃，咬紧牙关，坚持下来了。

为了有稳定的资金投入店铺运转，这位朋友想了一个办法，她一边自己去商场打工，拿着一个月6000元的月薪，一边花3000元雇人张罗自己的小门店。在打工兼当老板的过程中，她有机会了解不同层次顾客的需求，也有机会跟已经有多年经验的老板学习。这样，她从别人那儿学到了不少良好的经营理念，并及时将学到的东西应用在自己的店铺经营中。小店生意渐渐红火起来，一年后扩大了店面，两年后有了一家分店铺，五年后，她已是一个拥有5家小而美连锁服装店的女老板了。

失败没什么可怕的，瞻前顾后，错失良机才真正可怕，在失败之前就害怕失败才是最大的失败。

当年在选择写作这一职业时，收入低而不稳，有时连续半年没有一分钱收入，写了好几年的东西还是不好意思拿出来给人看，我也曾担心、灰心、犹豫、害怕，曾经一度还想过要放弃。

是坚持，还是放弃？

正当我的内心为此激烈争斗时，莫小白出现了。

我跟她学理财，也学会了坚定自己的理想，为理想大胆付出，不计较成败。

生活总是这样，当你急于求成时，好像命运要故意捉弄你，让你难堪；可当你不在乎成败时，当年你所追求的那些东西又会自动找上门来。渐渐心静下来，心态好转，我不太在乎这些了，反倒思路放开，笔头活泛，书的销路也打开了。

与此同时，珉宇和子乔也在Cherry和我的支持下，勇敢辞掉自己不喜欢的工作，大胆创办了自己的设计工作室和广告创意公司，并在熬过前三年最艰难的时期后慢慢步入正轨，业绩正稳步上升。

我相信，在这个世界上，只有极少数人的成功归功于幸运和个人的天才，绝大多数人的成功，都是靠坚定的信念及不懈的努力和坚持得来的，都是在不断失败、挫折和煎熬中打磨、历练出来的。

一开始遭受些失败有什么要紧呢？

年轻时输得起，未来才能赢。

◇ 财外生财小诀窍 ◇

关于用钱生钱，除了投资、创业，莫小白还摸索出了一套别致的“财外生财小诀窍”。

诀窍一：工资卡清零。

每月工资日，小白做的第一件事情，就是把工资卡清零，及时将每月工资按预算的分配百分比，一部分划入A卡以支付每月日常消费，另一部分划入B卡当储备金，剩下的一分不少地储存起来。

及时将工资卡清零，是理财计划中的自我监督。

“好了，现在工资卡里一分钱都没有了，看你怎么乱花钱！”每次小白把工资卡清零后，心中就有一种放心的愉悦。

每个月，看着总有一笔固定的钱财被自己储存起来，存折上的存款越来越多，小白总会欣然一笑，幸福感与理财的成就感油然而生。

诀窍二：三个零钱储蓄罐。

小白的床头柜上，整整齐齐地放着三个零钱储蓄罐，上面分别贴着一张纸条，即“3块钱梦想计划”“超市找零”“废品变现”。

（一）“3块钱梦想计划”储蓄罐。贴着“3块钱梦想计划”的储蓄罐，是为实现10个大梦想之外的小梦想准备的。每天，莫小白会向储蓄罐里投入3块钱，一年后，就是一笔不小的数目了。莫小白从A卡计划中每日省出3元钱，用它来完成一年中突然想到的一些小心愿，如做一次计划外旅行、给妈妈送一份意外的礼物等，圆了小梦想，又不耽误整体理财计划的执行，一举两得。

（二）“超市找零”储蓄罐。莫小白管理大钱很细心，对小钱也同样细心。她绝不乱扔一分钱。每次从超市找来的零钱，她都会细心收起来，把它们投进储蓄罐里。这些钱，一年下来可能只有几十元，但在急需用钱的时候，一块钱也会变成很重要的钱。

（三）“废品变现”储蓄罐。这里装的是莫小白卖废纸、矿泉水瓶、旧衣服、旧书等所得。她没有随手将它们花掉，要花掉这些钱轻而易举，但莫小白不想多花A卡计划外的一分钱，她选择将这些零钱储存起来，用在必要的地方。

一年下来，莫小白的三个零钱储蓄罐最多可为她储蓄1500元左右。作为日积月累的“意外之财”，这何尝不是丰厚的奖励呢？

诀窍三：汇少成多、聚零为整。

很多人只在意几千元、几万元这样的大钱，对几块、几十块的小数目则往往不太在意。他们不知道，如果他们能把所有零钱汇总到一处，他们该多么富有。

莫小白不喜欢把钱分布得太零散。每过一个季度或半年，她就会拿出所有存折，对自己的财富来一次大汇总。

（一）医保存折、公积金存折上的资金汇总。一年一次，莫小白会定期把医保存折、公积金存折上的钱取出来，储存在专为额外收入准备的储蓄卡中。因为，与其把这些钱以活期的形式留在卡里贬值，还不如取出来自己管理，使其滚动起来，为自己带来更多收益。从医保存折和公积金存折上取出余款后，并不影响医疗保险及公积金贷款福利的享受。

（二）存款利息、股息、红利汇总。每过一季度或半年，莫小白会定期查看自己的所有梦想储蓄存折。定期储蓄到期、抛售股票、基金期满后，她会把各种利息、股息、红利收益汇总到一起，储存在专为额外收入准备的储蓄卡中。而各种类型的本金则各就各位，按原来的储蓄、投资计划进行分配。

（三）工资外兼职收入、奖金汇总。在获得兼职收入、奖金时，莫小白也会将它们及时储存到专为额外收入准备的储蓄卡中。

定期对散钱做汇总和梳理，一来可以加深对整体财务状况的了解；二来可挖出那些容易被忽视的隐性收入，增加理财信心与获得“意外”收入时的喜悦心情；三来通过化整为零可方便计算，便于了解工资外实际所得的情况，便于下一年制定更合理的理财计划。

诀窍四：信手拈来零花钱。

莫小白还有信守拈来零花钱的本事。她喜欢舞文弄墨，了发挥才情写点小文章，合适的拿去发表，多少也能赚点稿费。

周末有闲暇，拿些用不上的“废物”手工制作艺术品，一开始只为布置自己的小房间，增加点生活情趣；后来不小心做多了，就拿来送朋友；再后来朋友都送遍了，她就开始念起生意经，张罗着开了一家DIY小玩意儿淘宝店，竟然颇受欢迎。

尽管莫小白“生财小诀窍”多多，不过她总说一句话：“人是活宝，钱是死宝。”

只要肯理财，肯动脑筋，每个人都可以在自己的生活中发现属于自己的理财生财之道。

◇ 快乐的“巴甫洛夫狗” ◇

在实验室养一只狗，每次给狗喂食时，都让它听到铃声。这样重复一段时间后，即使不给狗喂食，只要铃声响起，它就会分泌出唾液——这是著名心理学家巴甫洛夫做过的一个实验。实验表明动物神经反射中存在条件反射现象。这种现象，在人的身上也同样存在。

当我们理财时，如果可以适时得到奖励，那么理财的主动性和积极性就会大大增强；而如果得不到奖励，理财的热情就会逐渐消退。

莫小白很清楚，她的内心就住着一只“巴甫洛夫狗”。如果光勤奋理财却得不到奖励，会逐渐丧失理财的热情。为了提醒自己积极理财，并保持快乐理财、积极理财的态度，莫小白的做法是：及时奖励自己，当一只快乐的“巴甫洛夫狗”。

每月一次的“奢华享受”。

理财不容易，尤其是其中“节流计划”的环节。因为每个人都有惰性和不愿受到束缚的天性。可A卡计划却限制了我们随便花钱的自由。当一次次想消费、想花钱的冲动与欲望受到压抑，而且还需要这样坚持很长时间时，难免会产生辛苦、压抑的感觉。

"唉，坚持理财真辛苦。"在理财中，无论Cherry、王琳、小倩还是我，都发出过这样的感慨。

不过，要是前面有一个巨大的诱惑在等待自己就不同了。

对莫小白来说，理财中最困难的事情就是懒得回家做饭。为了克服惰性，她会在每月月初为自己团购一份高规格的美食，如哈根达斯。

"其实，在外面吃一顿便饭也不是很贵，二三十元就可以吃饱，但一个月下来就是上千的花费。与其这样，还不如勤快一点，然后每月奖励自己吃一顿上档次的大餐。这样，既满足了舌尖，还节省了钱，何乐而不为呢？"莫小白这样说时，语气中流露出对自己这种理财方式的十二分的满意。

额外零花钱，给自己以惊喜。

莫小白喜欢给生活制造惊喜，她喜欢每天从不是很宽裕的零花钱中"偷"出3元藏进储蓄罐，喜欢把卖废品、旧物的钱和超市找零的分币都积攒起来。等这些小钱塞满储蓄罐，她会兴致盎然地打开储蓄罐，然后来一次大清算，望着这笔数千元的意外之财，咧开嘴傻乐。

有了储蓄罐里的额外之财，莫小白可用以完成"梦想储蓄池计划"之外的小梦想，同时还可以借此小小任性一把，买一些主管理性的大脑绝对不会同意的东西——“女人嘛，没有一点感性生活会很枯燥。既然有额外零花钱，不防小小放肆一把咯！”莫小白选择在一定限度内纵容自己，过有弹性的生活。

年终大奖。

每个月有小奖励。到了一年年末，莫小白会给自己颁发一项年终大奖。年终大奖的资金来自本年度理财的收获，莫小白会拿出预算外收入的5%左右，用以慰劳自己一年来的劳苦用功。如果这一年理财成效显著，奖金、兼职收入、理财投资收益等所得远远超出了预期，她会拿出更多的钱来奖励自己。

至于怎么奖励，当然是奖励自己最想得到但平时被定义为“奢侈品”舍不得花钱的东西。如那个昂贵的镜头、马尔代夫之行、令她心仪已久的旅游门票收藏册，都是她奖励给自己的年终大礼。

在每个辞旧迎新的时刻，一边愉快地享受过去一年创造的成果，一边信心满怀地憧憬着美好的未来，这样的生活充实、踏实又幸福。

给A卡计划松绑。

理财是为了更好的生活。莫小白决不当守财奴。当年收入稳定提升时，她会根据新的收入预期，调整下一年度的支出预算，使得自己的计划内可支配钱财与预计收入同步增长。

提前实现“梦想储蓄池计划”。

不管收入高低，只要能坚持每个月工资卡清零、按计划强制储蓄，“梦想储蓄池”里的水总会越来越满，承载起你的梦想之船。不过，要是有额外收入作补益，圆梦就会提前。

在连续成功策划出数本畅销书后，莫小白获得了一笔可观的奖金。她拿出其中的5%奖励自己；剩下的部分，她根据十大梦想的轻重缓急，将其存入自己的梦想基金中。

在莫小白看来，养老金计划和实现环球梦想的愿望最为重要。所以，她把奖金所得的60%存入了养老金储蓄卡，希望年轻时多为养老做一些储备，好让自己老来无忧；剩下的40%奖金，被存入环球梦想储蓄卡中。莫小白每年的环球旅行费用，就是从这张储蓄卡里支出的。

“青春易逝，旅行要及时。我不想等到要人抬着走路时还没出发。”小白就是这样一个行动派——细心为未来做好筹划，又努力活在当下。

◇ 逼自己迈过那道坎 ◇

中国人的平均寿命在77岁以上，绝大多数人都可以平安活到老，还有不少人可活到百岁高寿。如果年轻时不做好充分的养老储备，退休后的漫漫时光该如何度过?

当然，这并不是说因为担心老无所依，所以年轻时就应该拼命赚钱、攒钱，能省一分是一分。如果这样，会使自己钻进钱眼里，变成只知赚钱攒钱的守财奴，生活就本末倒置了。

理财的最高境界，不是尽可能少地花钱，也不是尽可能多地赚钱，而是尽可能省力地赚来不多不少的钱，做好统筹规划，过好生命中的每一天。

对于这一点，莫小白是这么做的：

①严格执行“节流计划”，珍惜来之不易的每一分钱，积攒钱财，为未来做好储蓄；

②给A卡计划“松绑”，随着收入的稳步提高，相应增加未来一年的支出预算，这叫“一分耕耘，一分收获”，有了收获，不能亏待自己；

③当得到预算外收入时，不忘奖励自己，给自己一份额外的零花钱，也是宠爱自己的一种方式；

④陆续用“梦想储蓄池计划”的资金来逐步实现人生梦想，等攒够钱的时候，果断把它拿出来，化作一个个梦想的实现，在人生的每一个阶段收获不同的幸福，绝不当只知道攒钱的守财奴。

一句话，就是对于不该花的钱，或在必须攒钱的节骨眼儿上，要有克制消费及省钱、攒钱的毅力；如果是真正要花钱的地方，只要花得有利于接近梦想，就不要对自己吝啬，要舍得花钱。

其实，这些道理很多人都懂，只是一旦落到实处，就会困难重重。

不禁想起曾经发生在Cherry身上的一件事儿。

Cherry从小渴望拥有一架古筝，曾发誓要用得到的第一份工资买一架古筝。

后来，她参加工作，一个月收入买一架古筝绰绰有余，但她又舍不得了，她宁可拿去买廉价、劣质的地摊货，也舍不得买古筝。

是她不再爱古筝了吗？

不是。

她每天都惦记着，每次路过乐器店都要进去抚弄几下。但她一想起一下子要出去这么多钱，就心疼起来，最终还是下不了买的决心。

开始理财后，Cherry把买一架古筝列入她的“梦想储蓄池计划”。她为这个很小却在心里藏了十几年的愿望开了一张梦想储蓄卡，每月都往卡里打100元。两年后，Cherry终于攒够了买古筝的钱。在攒钱的过程中，Cherry一见我们就开始念叨：“我就快要拥有一架古筝了！我终于快有一架古筝了！”

可当梦想储蓄卡中的钱一点点积攒起来，并最终足够她买一架还不错的古筝时，可怜的Cherry又向钱示弱了。

“要不要买呢？这可是好大一笔钱呢。为了攒这笔钱，我花了整整两年呢！就要这样一下子花掉吗？”她又犹豫起来，再一次陷入了买与不买的纠结中。

生活中像Cherry这样的女孩其实不少。

她们内心有真实渴盼的愿望，但有些愿望很可能一辈子都实现不了。这倒并非实现这个愿望有多大难度；如果说有，这个困难就在她们心里——是她们太在意钱，太在意那些她们明明拥有却舍不得付出的不重要的东西，所以她们始终无法实现梦想。

Cherry后来承认，当时她的确有些被钱迷住了，舍不得花钱，忘了赚钱就是为了花，为了实现比钱更重要的梦想。

当Cherry为买不买古筝而纠结时，我们问她："你还想不想要古筝了？"

她说："当然想！"

"那就买呗。"

"太贵了。"

"你不是有梦想基金吗？"

"为那些钱，我攒了好久的……"

最初是为买古筝才攒钱的，等攒够了钱又舍不得买古筝了，理由竟是这笔钱攒起来不容易，于是陷入了买与不买的纠结中——小白把Cherry这样的心态称为"自寻烦恼"。

人难免有被钱迷住的时候，被钱迷住是一块心病，是一道坎，有时候需要逼一逼。

Cherry的心病，多亏莫小白逼了一下——Cherry这么在乎钱，让莫小白实在有点看不下去了，她来一个先斩后奏，自作主张就网购了一架古筝，直接货到付款邮寄到Cherry家。

不过，既来之，则收之。见到漂亮的古筝，Cherry非常高兴。她高兴自己终于有了一架古筝，也高兴终于不用再痛苦纠结了——梦想实现，如释重负。

你也许会觉得Cherry的经历有点可笑，其实很多时候，很多人都是这样。

不管是克制不住想要花钱，还是被钱魔迷住舍不得花钱，都是理财的毒瘤。一旦你的体内产生了不利于或反对梦想实现的心理引力，千万不要纵容它来操纵你的行为。

不妨逼自己一把，狠狠心，一刀割掉那个在心头疯长的毒瘤。割掉之后，你会发现其实并不痛，并且纠结过去了，梦想会实现，幸福和美好会到来。

一个人如果做到了能克制乱花钱，有规划地理财，并不被钱财所迷，就可以让当下和未来的自己都过得有滋有味。

图书在版编目 (CIP) 数据

超实用理财入门与技巧 / 王月亮著. —北京：中国法制出版社，2020.5
ISBN 978-7-5216-0858-8

Ⅰ.①超… Ⅱ.①王… Ⅲ.①财务管理—通俗读物
Ⅳ.①TS976.15-49

中国版本图书馆 CIP 数据核字（2020）第 024181 号

策划编辑：李佳（amberlee2014@126.com）
责任编辑：李佳 刘阳
封面设计：杨泽江

超实用理财入门与技巧
CHAOSHIYONG LICAI RUMEN YU JIQIAO
著者 / 王月亮
经销 / 新华书店
印刷 / 三河市国英印务有限公司
开本 / 710 毫米 × 1000 毫米 16 开
印张 / 12.75 字数 / 126 千
版次 / 2020 年 5 月第 1 版
2020 年 5 月第 1 次印刷

中国法制出版社出版
书号 ISBN 978-7-5216-0858-8
定价：39.80 元

北京西单横二条 2 号 邮政编码 100031
传真：010-66031119
网址：http://www.zgfzs.com
编辑部电话：010-66054911
市场营销部电话：010-66033393
邮购部电话：010-66033288
（如有印装质量问题，请与本社印务部联系调换。电话：010-66032926）